城市边缘地带
历史文化建筑的保护和利用

丁夏君◎著

U0312110

中国建筑工业出版社

图书在版编目（CIP）数据

城市边缘地带历史文化建筑的保护和利用／丁夏君著．
北京：中国建筑工业出版社，2014.10
　ISBN 978-7-112-17350-1

　Ⅰ．①城…　Ⅱ．①丁…　Ⅲ．①古建筑－文物保护－中国
Ⅳ．① TU-87

中国版本图书馆 CIP 数据核字（2014）第 231465 号

责任编辑：杨　虹　朱首明
责任校对：李欣慰　刘　钰

城市边缘地带历史文化建筑的保护和利用
丁夏君　著
*
中国建筑工业出版社出版、发行（北京西郊百万庄）
各地新华书店、建筑书店经销
北京嘉泰利德公司制版
北京盛通印刷股份有限公司印刷
　*
开本：787×960毫米　1/16　印张：11¼　字数：270千字
2015 年 3 月第一版　2015 年 3 月第一次印刷
定价：50.00元
ISBN 978-7-112-17350-1
　　（26133）

夏君院长是长期从事浙江省城乡规划和历史文化名城与建筑保护方面的行政管理者和善于思考研究的学者，在审视新型城市化推进过程中如何有效地保护和利用历史文化建筑，实现城市的"有机更新"，将区域城市范围内有限的历史遗存、稀缺资源保护利用好，并发挥其应有的作用，这正是本书的主旨和研究内容。作者从"城市发展边缘地带"这一特殊区域着眼，从空间的界定和时间的动态变化入手，重点研究了这一地带的历史文化建筑的普遍性、差异性和特殊性，提出了在保护和利用过程中的一系列可供运用的理论和方法，以及在实施历史建筑保护和利用中应建立的各项保障措施。在研究过程中，还根据历史文化建筑的历史、科学、艺术三方面的价值评定，对杭州市萧山区、金华市曹宅镇的两处历史文化建筑作了案例剖析，对这两处建筑的保护和利用提出了学术见识和积极建议。书中还对利用现代计算机技术进行历史文化建筑保护建档评价提出了后续深化研究的构想。

沧海桑田，大地变迁，一个地域、一座城市各时期的建筑和环境，就像一部史书、一幅画卷，记叙了一座城市的悠悠岁月，它让我们加深了对一座城市过去的了解和现在的认识。追溯中国几千年城市发展史迹，曾留下过数量众多、形态精美的建筑遗存，这些建筑不仅反映了那些时代背景的建筑技术和创造艺术，也记载了那些历史演进的文化价值和思想意识。历史的沧桑岁月沉浸和渗透在这些建筑之中，也融入了建筑所在的城市，使城市焕发出特定的个性和持久的魅力。

日前，借铁路动车开通至温州、厦门之际，特意乘坐南下，并凭窗观光沿途景色。当车停台州温岭站时，举目望去二十多层的高层建筑群落拔地而起，而当停靠雁荡山车站时，那秀丽动人的峰峦却突显眼前，阔别多年曾去夜游的梦幻般情景油然而生。在时代列车行进中，多少会让人兴奋、激动，也平添了几分担忧、顾虑。

随着中国城市化步伐的加快，保护好城市仍存的历史文化建筑，特别是保护好还未受到城市规划覆盖和城市规划法规政策严格管辖的"城市发展边缘地带"的历史建筑更显得尤为迫切，更具有实际意义。

本书是作者作为项目负责人，在承担推进浙江新型城市化课题"城市边缘地带历史文化建筑的保护和利用"的基础上，汇集了他多年在浙江省城乡规划管理部门从事管理与历史文化名城保护委员会专家的实际管理指导经历，并亲自参与评审、收集许多城镇历史文化建筑保护和利用规划案例的工作过程中研著而成，这也印证了"实践出真知"的真谛，我乐意为之序。

同济大学城市规划系

陶松龄

2011 年 2 月

前　言
PREFACE

　　城市是政治、经济、社会、文化等诸多因素共同作用的产物。作为现代人类主要的栖居地，它是一个庞大而复杂的系统，反映着当前这个时代的发展进程。同时伴随着城市的发展过程，每个城市也必然带着深深的历史印记，过去每一个时代，都会像当前这个时代一样，在城市中留下各自不同的痕迹。

　　当前及今后很长一段时间里，我国仍处于一个城市化加速发展的过程，各地在统筹城乡发展，大力推进城市化进程中，城乡面貌发生了巨大变化，城乡一体化已初露端倪。截至 2010 年年末，全国的城市化平均水平已达 47.5%。如此大范围、高速度的城市化进程，在我国城市发展史上是前所未有的，它带来了许多我们不曾遇到过的新问题和新矛盾，理论上需要我们进一步地探讨与总结。

　　城市在不断地扩大，新的城镇体系在逐渐形成，各地房地产市场的兴起伴随着旧城改造的新一轮高潮，一大批历史文化建筑在城市建设大潮的冲击下遭到了破坏，历史的文脉在推土机的轰鸣声中被无情地割断。城市空间的趋同性和建筑文化的国际化，使许多城市都失去了特点和个性，彼此十分相似。传统历史建筑的大量湮灭已经成为当代中国城市发展过程中遇到的一个普遍问题。因而，如何在风起云涌的城市化扩张运动中，对城市拓展区域范围内存在的历史文化建筑，进行及时而有效的保护和利用，是摆在每一个关注城市历史延续和文化传承的领导和市民面前需要去思考的问题和付诸行动的任务，也是每一个城市规划设计和历史文物专业人员需要抓紧研究的问题。

　　传统文化建筑是指具有一定价值，能反映国家、民族传统文化特征的优秀建筑，是不可复得的宝贵历史遗存。然而，随着社会的发展，特别是现代化进程的加快，很多传统文化建筑正在被破坏或消失。在城市边缘地带，这种情况尤为突出。未雨绸缪地进行调查研究，适时提出应对方案，采取相应的保护与利用措施，是一项十分紧迫的任务。

翻开我国几千年来的城市建设发展史，有着气势恢宏的城市发展史迹和数量浩繁、多姿多彩的建筑遗存。然而不幸的是，由于人为的破坏，留存至今的已为数寥寥。据对国务院首批公布的全国24座历史文化名城的粗略调查，从这些城市的古建筑保护现状看，现状着实堪忧。许多本应得到挽救与保护的古建筑，却在城市建设现代化的浪潮中遭到破坏。如何在城市发展的同时，更好地加强历史文化建筑的保护，已成为一个需要认真思考和亟待解决的重要问题。一座城市各个时期的建筑，像一部史书、一卷档案，记录着一个城市的沧桑岁月。唯有完整地保留了那些标志当时文化和科技水准，或者具有特殊人文意义的古建筑，才会使一个城市的历史绵延不绝，才会使城市永远焕发悠久的魅力和光彩。

新中国的文物保护工作，始于新中国成立之初。一批批有重大历史文化价值的官殿、庙宇、府第、会馆以及园林、城墙、古桥等各类建筑物、构筑物，被列为国家级或省、市（县）级文物保护单位。随着《文物保护法》的实施，这些古建筑大都得到了不同程度的保护，20世纪80年代中后期，随着房地产业的崛起，旧城改造迅速拉开序幕，许多未被列入文物保护范围的近代建筑危在旦夕。以建筑师杨廷宝先生早年设计的沈阳北火车站为契机，原建设部及时会同国家文物局遴选了一批历史价值高、有代表性的历史建筑列入文物保护范围，同时在开展历史文化名城保护的基础上，提出保护历史街区的明确要求。这就在历史建筑保护和笼统的历史文化名城风貌保护之间，有针对性地设置了一个中间层次，即选择名城中为数不多但具有一定历史文化内涵的代表性地段，保护其建筑群的基本原貌及其特定的环境。近十多年来，先后产生了诸如屯溪老街、上海外滩、江苏周庄等一批成功的典型。但也应该看到，许多历史文化名城虽然按规划要求划定了若干历史街区，但实际的保护工作却迟迟没有启动，有些地方甚至将原来的保护区逐渐蚕食或随意取消，使本来该保护的古建筑荡然无存。保护城市的传统文化和建筑遗产，是一个民族或一个地区继承发展先进文化不可或缺的基础。当初之所以提出"历史街区"、"历史地段"的概念，除了它是历史文化名城保护必不可少的组成部分之外，更具普遍意义的是每座城市都有自己的历史，都可以找出城市发展的史迹和建筑文化演变的脉络，因此也都有划定和保护历史街区的必要性和可能性。从这个意义上说，不仅是冠以历史文化名城称号的那些城市，而是所有的城市（包括像深圳那样几乎是全新的城市）都应负起发掘和保护建筑遗产乃至历史街区的责任。让历史街区保护融入城市现代化建设而又不失街区的历史本色，当前正是难得的机遇。对那些处在旧城改造热潮中的城市来说，这也可能是最后的机遇了。

本书着眼于城市发展的边缘地带，对这一地带的典型历史文化建筑进行了深入的调查研究，在推进浙江新型城市化研究课题的基础上，对这一类历史建筑的保护和利用提出了自己的观点。针对"城市发展边缘地带"这一特殊区域，从空间的界定和时间的动态变化入手，重点研究了这一地带的历史文化建筑的现存功能、时空变迁和可延续用途，提出了在保护和利用过程中进一步发掘现有历史文化建筑潜在价值的一系列措施和方法。在研究过程中，还根据历史文化建筑的历史、科学、艺术三方面的价值评定，对杭州市萧山区、金华市曹宅镇的两处历史文化建筑作了案例剖析，对这两处建筑的保护和利用提出了专业观点和完善建议。

本书部分规划案例来源于相关规划设计单位和规划管理部门，在本书的编写及出版过程中，得到了"城市边缘地带传统文化建筑的保护和利用"课题组桑轶菲、胡颖、吴卓珈等老师的大力支持；部分摄影作品由《浙江建设》期刊副总编陈洪发提供，在此深表谢意！

限于理论水平和实践经验的不足，本书难免存在认识肤浅、挂一漏万之处，诚恳希望得到广大读者的批评指正。

丁夏君

2011 年 1 月于杭州

C目 录
ONTENTS

第五章　城市边缘地带历史文化建筑的评价体系

城市边缘地带
历史文化建筑的保护和利用

绪论

　　自古以来，凡属"城市"，都是依托于特定的地理条件，在一定的政治、经济、文化等因素共同作用下所形成的产物，并以不同的个性特征留下自己的深深的历史足迹。而现代城市则不仅规模日趋庞大，而且其功能愈益显现出复合化和智能化的趋势，对社会的发展愈益起着"中枢神经"似的巨大推进作用。在此背景下，研究如何科学有效地保护和利用城市及其边缘地带的历史文化建筑，不仅具有特殊的理论意义，而且具有急迫的实践意义。

一、城市边缘地带历史文化建筑保护和利用的急迫性

　　翻开我国几千年来的城市建设史册，有着气势恢宏的城市发展史迹和数量浩繁、多姿多彩的建筑遗存。然而不幸的是，由于人为的破坏，留存至今的已为数寥寥。据对国务院首批公布的全国24座历史文化名城的粗略调查，从这些城市的历史文化建筑保护现状看，实在令人忧虑。许多本应得到挽救与保护的建筑，却在城市现代化建设的浪潮中遭到破坏。如何在城市发展的同时，更好地加强历史文化建筑的保护，已成为一个需要认真思考和亟待解决的重要问题。一座城市各时期的建筑，像一部史书、一卷档案，记录着一个城市的沧桑岁月。唯有完整地保留了那些标志着当时的文化和科技水准，或者具有特殊人文意义的历史文化建筑，才会使一个城市的历史绵延不绝，使一个城市永远焕发着悠久的魅力和光彩。

　　新中国的文物保护工作始于新中国成立之初。一批批有重大历史文化价值的宫殿、庙宇、府第、会馆以及园林、城墙、古桥等各类建筑物、构筑物，被列为国家级或省、市、县级文物保护单位。随着《文物保护法》的实施，这些古建筑大都得到了不同程度的保护。20世纪80年代中后期，随着房地产业的崛起，旧城改造迅速拉开序幕，许多未被列入文物保护范围的近现代建筑危在旦夕。以建筑师杨廷宝先生早年设计的沈阳北火车站为契机，原建设部及时会同国家文物局遴选了一批历史价值高、有代表性的历史建筑列入文物保护范围。在开展历史文化名城保护的基础上，提出了保护历史街区的明确要求。这就在历史建筑保护和笼统的历史文化名城风貌保护之间，有针对性地设置了一个中间层次，即选择名城中为数不多但具有一定历史文化内涵的代表性地段，保护其建筑群的基本原貌及其特定的环境。近十多年来，先后产生了诸如屯溪老街、上海外滩、江苏周庄等一批成功的典型。但也应该看到，许多历史文化名城虽然按规划要求划定了若干历史街区，但实际的保护工作却迟迟没有启动，有些地方甚至将原来的保护区逐渐蚕食或随意取

消，使本来该保护的历史文化建筑荡然无存。保护城市的传统文化和建筑遗产，是一个民族或一个地区继承发展先进文化不可或缺的基础。当初之所以提出"历史街区"、"历史地段"的概念，除了它是历史文化名城保护必不可少的组成部分之外，更具普遍意义的是每座城市都有自己的历史，都可以找出城市发展的史迹和建筑文化演变的脉络，因此也都有划定和保护历史街区的必要性和可能性。从这个意义上说，不仅是冠以历史文化名城称号的那些城市，而是所有的城市（包括像深圳那样几乎是全新的城市）都应负起发掘和保护建筑遗产乃至历史街区的责任。但由于国家对占全国城市（含县城）总数 90% 以上的非历史文化名城没有明确的规定，在这方面有所部署和行动的实属凤毛麟角。《文物保护法》修订稿已经将历史街区（村镇）列入保护范围，这对抢救和保护城乡的历史文化建筑无疑是一大福音。让历史街区保护融入城市现代化建设而又不失街区的历史本色，当前正是难得的机遇。对那些处在旧城改造热潮中的城市来说，这也可能是最后的抉择了。

改革开放以来，我国的城镇化建设步伐突飞猛进。截至 2010 年年末，全国的城市化平均水平达到了 47.5%，浙江省达到了 61.62%，比全国高出 14.12 个百分点。目前，浙江的城市化正处于加速发展的进程中。如此大范围的、高速度的城市化进程，在我国城市发展史上是前所未有的。这也同时给我们带来了许多以往不曾遇到过的新问题和新矛盾，迫切需要我们寻求新的实践与理论的答案。

其中的一个突出问题为：如何理性地对待历史文化建筑问题。而现实状况是，城市在不断地扩大，新的城镇体系在逐渐形成，各地房地产市场的兴起伴随着旧城改造一轮又一轮的高潮，一大批历史文化建筑在城市建设大潮的冲击下遭到了破坏。历史的文脉在推土机的轰鸣声中被无可挽回地割断了。以西方建筑话语为主的建筑文化一统天下，使西方建筑文化成为世界建筑的主流，当代盛行的全球化更是一个以西方世界的价值观为主体的"话语"领域，在建筑方面表现为城市空间的趋同和建筑文化的国际化。许多城市都失去了个性，彼此十分相似。城市空间与城市建筑的趋同性与无个性化、传统城市和历史建筑的大量灭绝已经成为当代中国城市的一个焦点问题。如此这般的城市化扩张运动正向着城市发展边缘地带迅猛推进，若不能未雨绸缪，适时提出应对方案，采取相应的保护与利用措施，城市边缘地带现存的历史文化建筑也势必难逃厄运。殊不知，那将成为后人永远不可饶恕的罪过！

纵观国内外对历史文化建筑保护和利用的相关研究，尽管内容非常丰富，但多是从某单一学科的角度，比如文物考古学、建筑历史学或从整个国家或城市的历史文化建筑保护和利用的宏观尺度上进行的。对城市边缘地带这一特定地域空间在城市建设中遇到的历史文化建筑保护和利用问题进行的系统研究目前比较少。理论上的滞后，严重影响了实践上的发展。实际上，在城市化进程中，新城区或郊区历史文化建筑保护和利用问题比旧城区历史文化建筑保护和利用更为迫切，涉及城市规划、城市设计、城乡结合部土地政策、开发区等诸多问题，往往连家底也还远未摸清就彻底消失于人们的视线之外。实践上的急切需求和理论上的严重不足，使城市边缘地带历史文化建筑保护和利用的研究具有重要的现实意义。

二、"城市边缘地带"的定义

对于"城市边缘地带"的含义，在城市规划部门、城市管理部门、医疗卫生部门、文化部门或者房地产市场等各个专业领域，其认识并不完全一致。从字面上理解，通常指城市与乡村的结合部，它是城市近郊向远郊的过渡区域。而且，这一地带的界定并不是静止的。随着城市化进程的发展，城市不断扩张，城市边缘地带也在不断变动中。

按照洛斯乌姆的城市区域结构模式理论（图0-1），把城市核心区和城市影响区之间的地段称作城市边缘区，包括内缘区和外缘区。

国内相关的法规条文以及行业规范对城市规划、建设的某些范围线有明确的界定。如《城市规划基本术语标准》规定："城市规划区（urban planning

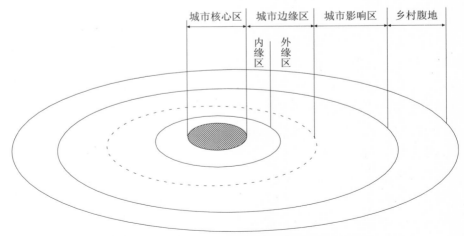

图0-1　城市边缘区：洛斯乌姆的城市区域结构模式

area）是指：城市市区、近郊区以及城市行政区域内其他因城市建设和发展需要实行规划控制的区域。"❶；"城市建成区（urban built-up area）是指：城市行政区内实际已成片开发建设、市政公用设施和公共设施基本具备的地区。"❷《城市规划编制办法》规定："城市总体规划的期限一般为二十年，同时应当对城市远景发展作出轮廓性的规划安排。近期建设规划是总体规划的一个组成部分，应当对城市近期的发展布局和主要建设项目作出安排。近期建设规划期限一般为五年。建制镇总体规划的期限可以为十年至二十年，近期建设规划可以为三年至五年。"❸这里就又出现了两条范围线，即：二十年（或者十年至二十年）的城市总体规划用地范围线，以及五年（或者三年至五年）的城市近期建设规划用地范围线。

然而，对于"城市边缘地带"，至今却没有相关的法规条文有一个明确的说明。因此，在研究之前，有必要对此有一个明晰的界定，以便于针对这一地带的相关现象进行研究。一是与现行的法规条文以及行业规范相配套；二是对这一地带的界定具有相对稳定性和可操作性。

为此，现将其界定为：城市边缘地带是指位于城市近期建设规划用地范围线之外的、城市规划区控制范围以内的区域。由于它是两条范围线之间的地带，是城市向乡村过渡的地带，随着城乡一体化进程的不断推进，城市自身的发展有一个近域推进和广域扩展的过程，这导致了城市边缘地带在空间上和时间上都是一个动态的区域。它是随着城市化的进程而不断向外扩展的。针对本文的研究对象"城市边缘地带历史建筑"，有一些建筑并未落在上述"城市边缘地带"，而是靠近城市规划区控制范围，但又具有特定的历史文化价值，因此，也将其列入探讨的对象。

对于历史文化建筑含义的界定，不同国家或组织在不同时期有着各种不同的说法，所用的名称也不尽相同。

1964 年 5 月 31 日，"第二届历史古迹建筑师及技师国际会议"在威尼斯通过了《国际古迹保护与修复宪章》（《威尼斯宪章》），该宪章认为："历史古迹的概念，不仅包括单个建筑物，而且包括能从中找出一种独特的文明、一种有意义的发展或一个历史事件见证的城市或乡村环境。这不仅适用于伟大的艺术作品，而且亦适用于随时光流逝而获得文化意义的过去的一些较为朴

---

❶《城市规划基本术语标准》（GB/T50280-98）第 3.0.5 条。
❷《城市规划基本术语标准》（GB/T50280-98）第 3.0.6 条。
❸《城市规划编制办法》第十五条。

实的艺术品。"❶

1972 年 11 月 16 日，联合国教科文组织第十七届会议在巴黎通过《保护世界文化和自然遗产公约》，明确指出，作为"文化遗产"的"建筑群"，应当是"从历史、艺术或科学角度看，在建筑式样、分布情况或与环境景色结合方面，具有突出的普遍价值的单位或连接的建筑群"。❷ 1976 年 11 月 26 日，联合国教科文组织第十九届会议在内罗毕通过了《关于历史地区的保护及其当代作用的建议》，按照其定义，历史建筑是指"包含考古和古生物遗址的任何建筑群、结构和空旷地，它们构成城乡环境中的人类居住地，从考古、建筑、史前史、历史、艺术和社会文化的角度看，其凝聚力和价值已得到认可。在这些性质各异的地区中，可特别划分为以下各类：史前遗址、历史城镇、老城区、老村庄、老村落以及相似的古迹群。"❸ 1975 年，日本在对《文物保护法》作的第三次修订中，将"传统建造物群"作为文化财产列入了文物保护范畴，形成了现行的日本文物保护体系。他们认为：传统建造物群是指和周围环境形成一体、构成历史景观的，并具有较高价值及传统建筑形态的建筑物及构筑物的集合体。在英国，把被选为法定保护的古建筑称之为登录建筑，由国务大臣将这些建筑编成一个目录加以保护。这些登录建筑被定义为"有特殊建筑艺术或历史价值的、其特征和面貌值得保存的建筑物"。

2003 年 7 月 10 日，国际工业遗产联合会在下塔吉尔通过《下塔吉尔宪章》，明确提出保护工业遗产。按照其定义，工业遗产保护包括具有历史、技术、社会、建筑或科学价值的工业文化遗存。这些遗存包括建筑物和机械、车间、作坊、工厂、矿场、提炼加工场、仓库、能源产生转化利用地、运输和基础设施以及与工业有关的社会活动场所，如住房、宗教场所、教育场所等。

新中国成立后，对历史文化建筑的保护经历了文物、历史文化名城、历史文化保护区等多个层次不断扩展和深化的过程，已经形成了一套较为完整的保护体系（图 0-2）。

2002 年 10 月 28 日公布施行的《中华人民共和国文物保护法》中，定义为文物建筑的是指："具有历史、艺术、科学价值的古建筑"❹ 以及"与重大历史事件、革命运动或者著名人物有关的以及具有重要纪念意义、教育意义或

---

❶《国际古迹保护与修复宪章》第一条。

❷《保护世界文化和自然遗产公约》第一条。

❸《关于历史地区的保护及其当代作用的建议》第一条。

❹《中华人民共和国文物保护法》第二条第一款。

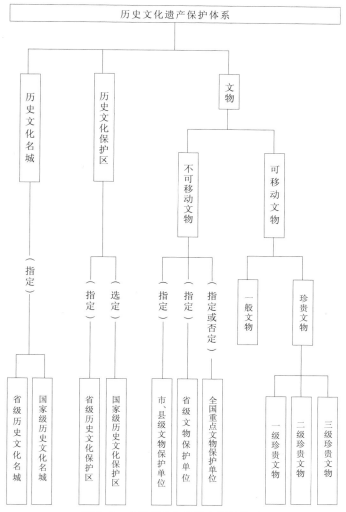

图 0-2　中国历史文化遗产保护体系

者史料价值的近代现代重要史迹、实物、代表性建筑"❶;定义为历史文化名城和历史文化街区、村镇的是指:"保存文物特别丰富并且具有重大历史价值或者革命纪念意义的城市、城镇、街道、村庄"❷。

　　原建设部 2004 年 3 月 6 日《关于加强对城市优秀近现代建筑规划保护工作的指导意见》中,对"城市优秀近现代建筑"定义为:"一般是指从 19 世纪

---

❶《中华人民共和国文物保护法》第二条第二款。
❷《中华人民共和国文物保护法》第十四条。

中期至 20 世纪 50 年代建设的，能够反映城市发展历史、具有较高历史文化价值的建筑物和构筑物。"❶ 2008 年 4 月 2 日，国务院颁发的《历史文化名城名镇名村保护条例》，提出了"历史建筑的概念"。历史建筑是指经城市、县人民政府确立公布的，具有一定保护价值，能够反映历史风貌和地方特色，未公布为文物保护单位，也未登记为不可移动文物的建筑、构筑物。为保护和继续利用提供了法律依据。

国内外对"历史文化建筑"有着不同的说法和解释，但有以下四点是大致相通的：具有一定历史、艺术、科学价值的传统建筑物（或构筑物）；与历史上的重大事件、革命运动、著名人物联系在一起，具有纪念意义、教育意义和史料价值的建筑物（或构筑物）；反映了历史上各时代、各民族的社会制度、生产方式、社会生活的代表性建筑物（或构筑物）；反映了某一历史时期、某一地域的传统风貌、风土人情、地方和民族特色的传统建筑物（或构筑物）。这也是我们在探讨"城市边缘地带历史文化建筑的保护和利用"这一课题时所遵循的标准。据此，可将"历史文化建筑"界定为：人类在过去历史社会活动中所创造的，具有一定历史、艺术、科学价值的传统建筑物。

这一定义包含有两点含义：

其一，历史建筑包括三类：文物建筑，亦称古建筑，通常是指 1840 年以前遗留下来的，具有一定保留价值的建筑物。乡土建筑，是指在乡土社会的自然、人文环境中存在的，由该地区居民自己建造房屋的一种传统和自然的方式。为了对社会和环境的约束作出反应，乡土建筑包含必要的变化和不断适应的连续过程，它代表了一定地域的或者民族的建筑艺术、风土人情的民居或地方建筑。近现代建筑，是指 1840 年以后所建，具有一定保留价值的建筑物。

其二，历史建筑所蕴涵的价值。主要体现在三大类，即：历史价值、艺术价值和科学价值。所谓历史价值是指：由于某种重要的历史原因而建造，并真实地反映了这种历史实际；在其中发生过重要事件或有重要人物曾经在此活动，并能真实地显示出这些事件和人物活动的历史环境；体现了某一历史时期的物质生产、生活方式、思想观念、风俗习惯和社会风尚；可以证实、订正、补充文献记载的史实；在现有的历史遗存中，其年代和类型独特珍稀，或在同一类型中具有代表性；能够展示历史文化建筑自身的发展变化。所谓艺术价值是指：建筑本身的艺术美，包括空间构成、造型、室内外装饰以及形式美；附属于建

---

❶《关于加强对城市优秀近现代建筑规划保护工作的指导意见》第一条。

筑物的造型艺术品，包括雕刻、壁画、塑像以及固定的装饰和陈设品；年代、类型、题材、形式、工艺独特的不可移动的造型艺术品；上述各种艺术的创意构思和表现手法。所谓科学价值是指建筑物在科学史和技术史方面的价值，包括：规划和设计的价值，包括选址布局、生态保护、灾害防御、造型设计、结构设计等方面；在结构、材料、工艺方面所代表的当时先进的科学技术水平，或者是科学技术发展过程中的重要环节；建筑本身是某种科学实验及生产、交通等方面的设施或场所；该建筑物记录和保存着重要的科学技术资料。

三、本书研究的思路、重点与方法

本书研究的基本思路是：从城市边缘地带空间结构的整体组织优化角度出发，探讨城市化对该区域历史文化风貌特色的巨大影响，进一步深入研究到城市化扩张的前沿——城市边缘地带的历史文化建筑的保护和利用问题，从法规、规划、组织保障、评价体系、利用方式等诸多方面，剖析现状，总结经验教训和实践模式，点面结合推进研究，最后提出要强化城市边缘地带历史文化建筑保护和利用的制度保障，改变"城市化就是历史文化建筑推土机"的陈旧观念，把保护和利用历史文化建筑与城市规划、城市设计两个问题综合起来考虑，通过整体优化城市边缘地带空间结构和环境品位来整合历史文化建筑资源，从而达到保护和利用历史文化建筑和城市化进程发展的平衡。保护与开发就像天平的两臂，寻求之间的平衡，就会创造一个生气勃勃、包罗万象和富有人情味的城市，一个既有过去又有未来的城市。

本书的研究重点从五个方面展开：理清在处理城市开发建设与保护历史文化建筑、保持地方特色的关系中存在的一些模糊不清甚至是错误的观念；建立一套关于城市边缘地带历史文化建筑的评价体系，以便在城市开发建设过程中有效地把握城市边缘地带历史文化建筑保护和利用的尺度；在城市边缘地带历史文化建筑保护和利用中，对文保、城建、规划、开发商等各单位部门间的协调与衔接，提出相关建议和政府对策；在比较国内外各种相关保护法规的基础上，提出浙江省不同类型城市边缘地带历史文化建筑保护和利用的对策，为建立相关的地方性法规奠定理论基础；建立一个开放性的关于城市边缘地带历史文化建筑动态状况信息的计算机查询系统，为今后本领域的科学研究提供一个基础平台。

本书研究的方法主要是：通过大量的实地考察和调查，特别是对浙江省内的一些实例进行了深入的调查研究，在逐个剖析的基础上，再进行点面结合的研究。

分析研究来自政府和科研部门的数据资料，得到了浙江省住房和城乡建设厅、浙江省文物局、浙江省古建筑设计研究院等单位的大力协作，并且引用了一些城市在古建保护和规划中的最新成果；借鉴国内外先进的经验和理论，综合建筑学与规划方法及行为学、社会学、管理学、法学等多学科的相关理论，多视角、多侧面、多层次地进行研究；运用理论和实证相结合的方法进行研究。重视该问题理论上的提炼和总结，又重视对个案的深入剖析，切实提高理论认绪论识。在个案选择上，尽可能使其具有代表性和地域上的均衡性。力图通过这些个案的分析，较好地反映浙江城市边缘地带历史文化建筑保护利用的整体面貌。

本书的撰写共分五章：第一章，系统分析浙江城市边缘地带历史文化建筑保护和利用的历史演变轨迹、现状及存在的问题，指出城市边缘地带的历史文化建筑保护和利用中的现实困扰和突破口，综合研究城市边缘地带空间结构整体组织优化这个面和历史文化建筑的保护和利用这个条块关系。城市边缘地带开发涉及面广、问题多，我们主要围绕当前历史文化建筑面临的几个突出问题进行分析，包括历史文化建筑保护和利用的社会效益和经济效益发挥、城市边缘地带历史文化风貌特色塑造、市民农民混居化、公建配套设施的结构配置等几个方面。提出整合历史文化建筑保护的城市边缘地带发展战略，认为要通过有效的城市规划和城市设计手段将城市边缘地带历史文化建筑保护和利用作为保持和拓展一个城市风貌特点的主要方面来实施。第二章，理论分析和经验模式总结。首先总结了国内外城市化进程中涉及城市边缘地带历史文化建筑保护和利用的相关理论，在此基础上对城市化与边缘地带历史文化建筑保护和利用的互动影响机制进行了理论分析；然后对国外的一些建设经验及主要模式进行了归纳总结，为下一步研究作了理论和经验上的准备。本章是全课题的理论基石。由于城市边缘地带历史文化建筑涉及多学科知识，并且国内目前还没有人对此进行系统归纳，因此围绕城市边缘地带历史文化建筑的空间组织、城市风貌特点规划、建设开发、建设管理四个方面作详细总结，并作理论深化，通过对国内外现有城市历史文化建筑相关理论的分析，发现缺乏城市边缘地带研究。再针对我国城市急剧扩张、规划较不稳定甚至滞后的情况，这一点恰恰很重要，尤其对历史文化建筑的保护和利用影响极大，根据国内外已有的个案和理论进行提炼和归纳，建立城市化与历史文化建筑保护和利用的互动影响理论。第三章，从建设管理、法规保障、组织保障以及其他保障角度提出了相应的制度保障体系和创新思路。主要研究城市边缘地带历史文化建筑保护和利用规划及城市设计对城市空间结构优化的主要促进作用以及建设管理的制度保证,提出相应的体制创新、机制创新和政策创新思路,确保既定方案的实施。第四章,作为课题研究的重点之一,提出城市边缘地带的历史文化建筑保护和利用的具体措施及有关建议。第五章,城市边缘地带历史文化建筑的评价体系,并附有浙江省城市边缘地带历史文化建筑保护和利用的计算机查询系统(纲要)。

城市边缘地带
历史文化建筑的保护和利用

·第一章·

历史文化建筑保
护和利用的现状

第一节 我国历史文化建筑保护和利用的发展历程

我国是历史文化建筑极其丰富的国家。20 世纪 20 年代，我国出现了第一批致力于历史文化建筑研究与保护工作的现代学者。他们执着倾心，历经艰辛，做了大量开创性的工作，为我国历史文化建筑研究与保护奠定了基础。我国现代意义上的文物保护就始于 20 世纪 20 年代的考古科学研究。1922 年北京大学的考古学研究所以及之后的考古学会，是中国历史上最早的文物保护学术研究机构。1929 年中国营造学社成立，开始系统地运用科学方法研究中国历史文化建筑。然而此时，他们势单力薄，加上时局动荡，历史文化建筑大量毁损与消亡的现象根本无法遏制。

新中国成立后，文物保护工作受到重视，但当时侧重于出土文物以及金石书画。"文化大革命"时期，历史建筑遭受了一次浩劫。七十年代末，我国开始以经济建设为中心，实行改革开放。现代意识蜂拥而入，也提高了全体国民保护历史文化建筑的意识。整个历史文化遗产保护体系的确立经历了从形成到发展再到完善的三个历史阶段：第一阶段是形成以文物保护为核心的、单一的历史文化遗产保护体系；第二阶段是增添了历史文化名城的保护内容，确立了一套双层次历史文化遗产保护体系；第三阶段开始将重心转移到历史文化保护区（街区），形成一个多层次的历史文化遗产保护体系。

一、形成阶段：以文物保护为核心的单一的保护体系

这一阶段，主要是指 1949 年新中国成立到 20 世纪 70 年代末，国家针对战争造成的大量文物损毁流失现象，采取了一系列措施，颁布了一系列法令法规，设置考古研究机构，初步形成了一个以文物保护为核心的单一的历史文化遗产保护体系。

1950 年，由政务院颁布了《关于保护文物建筑的指示》。

1951 年，由文化部和国务院办公厅联合颁布了《关于保护地方文物名胜古迹的管理办法》，文化部又发布了《关于地方文物管理委员会的方针、任务、性质及发展方向的指示》，开始建立有关文物保护的国家及地方的行政管理制度。

1961 年 3 月 4 日，国务院颁布了《文物保护暂行条例》，这是我国首部关于文物保护的概括性法规，开始建立起较完善的历史文化遗产保护体系；同时，国务院颁布了 180 处第一批全国重点文物保护单位，建立了全国的重点文物保

护单位制度。此后，国务院又陆续颁布了一系列施行办法，作为对《文物保护暂行条例》的补充和完善，如：《文物保护单位保护管理暂行办法》、《关于革命纪念建筑、历史纪念建筑、古建筑石窟寺修缮暂行管理办法》，以及对《文物保护暂行条例实施办法》的修改等。

在这一时期，我国在关于历史文化建筑保护的组织、研究机构上也有一系列措施，中央和地方设置了负责文物保护管理的专门行政机构，由文化部统一负责管理。同时，中国科学院也专门设置了考古研究所，开始科学、系统地研究文物和历史文化建筑。

但是随后的"文化大革命"使得历史文化建筑的保护遭到了破坏性的摧残，以"破四旧"为代表的一系列运动，使全国范围内的文物包括历史文化建筑遭到了前所未有的广泛的人为破坏，损失不可谓不惨痛。同时形成了一种忽视文化、忽视传统的社会倾向，这在其后很长的一段时期里都留下了不良的影响。

直到 20 世纪 70 年代中期，文物保护工作才得以恢复。1976 年的《中华人民共和国刑法》第一百七十三条、第一百七十四条都明确了对违反文物保护法者追究刑事责任；1980 年，国务院公布《关于强化保护历史文物的通知》等文件；1982 年 11 月 19 日，《中华人民共和国文物保护法》的颁布，更进一步完善了我国的文物保护体系；在这期间，国务院还颁布了其他一系列试行条例和实施办法，从而全面调整、恢复了原先的文物保护法规和保护制度。

二、发展阶段：增添了以历史文化名城保护为重要内容的双层次保护体系

这一阶段，主要是指 20 世纪 80 年代到 20 世纪 90 年代中期。随着改革开放政策的全面实施，我国经济发展迅猛，城市建设日新月异，新区建设、旧城改造，使很多传统文化建筑受到威胁与破坏，特别是随着全国城镇化进程的加快，一些大中城市规模迅速扩大，对城市周边地区的一些有历史文化价值的传统建筑的摧残破坏十分严重，往往这些建筑在没有得到很好的评价定性前就被一拆而光了。这一时期的损失是惨重的，教训是深刻的。但也是这一时期，历史文化名城与区域历史文化建筑保护意识与法规开始得到强化与健全，我国的历史文化建筑保护进入到一个被广为关注也更为严格的时期，国家开始注意到把历史文化建筑保护从以前单一的建筑转向整个历史城市。

1982 年，国务院批转国家建委、国家城建总局、国家文物局《关于保护我国历史文化名城的请示的通知》，第一次明确提出了"历史文化名城"的概念，并公布了北京、西安等 24 个首批历史文化名城，其后又分别于 1986 年 12 月

8 日、1994 年 1 月 4 日先后公布了第二批 38 座、第三批 37 座历史文化名城，这之后截止到 2011 年底，又陆续公布了 19 座历史文化名城。它们分别是：

1982 年首批公布的历史文化名城 24 座：北京、承德、大同、南京、苏州、扬州、杭州、绍兴、泉州、景德镇、曲阜、洛阳、开封、江陵、长沙、广州、桂林、成都、遵义、昆明、大理、拉萨、西安、延安。

1986 年第二批公布的历史文化名城 38 座：商丘、安阳、南阳、济南、天津、保定、武汉、襄樊、潮州、重庆、阆中、宜宾、自贡、镇远、丽江、日喀则、韩城、榆林、武威、张掖、敦煌、银川、喀什、呼和浩特、上海、徐州、平遥、沈阳、镇江、常熟、淮安、宁波、歙县、寿县、亳州、福州、漳州、南昌。

1994 年第三批公布的历史文化名城 37 座：正定、邯郸、新绛、代县、祁县、哈尔滨、吉林、集安、衢州、临海、长汀、赣州、青岛、聊城、邹城、临淄、郑州、浚县、随州、钟祥、岳阳、肇庆、佛山、梅州、海康、柳州、琼山、乐山、都江堰、泸州、建水、巍山、江孜、咸阳、汉中、天水、同仁。

上述三批之后，截至 2011 年底公布的历史文化名城 19 座：山海关区（2001.8.10）、凤凰县（2001.12.17）、濮阳市（2004.10.1）、安庆市（2005.4.14）、泰安市（2007.3.9）、海口市（2007.3.13）、金华市（2007.3.18）、绩溪县（2007.3.18）、吐鲁番市（2007.4.27）、特克斯县（2007.5.6）、无锡市（2007.9.15）、南通市（2009.1.2）、北海市（2010.11.9）、宜兴市（2011.1.27）、嘉兴市（2011.1.27）、太原市（2011.3.17）、中山市（2011.3.17）、蓬莱市（2011.5.1）、会理（2011.11.8）。至此全国拥有国家级历史文化名城 118 座。

同时，在这些国家级历史文化名城之外，各省、自治区、直辖市还审批公布了本地区级的历史文化名城（镇），形成了一个以保护历史文化名城为重要内容的历史文化建筑双层次保护体系。

1982 年的《中华人民共和国文物保护法》、1989 年的《中华人民共和国城市规划法》等一系列法律的颁布，也为历史文化建筑的保护提供了城市规划方面的法律依据。1991 年又对《文物保护法》作了修订，并于次年颁布了《中华人民共和国文物保护法实施细则》。

这一时期在国际上，1976 年 11 月 26 日，联合国教科文组织第 19 次会议通过了《关于历史地区的保护及其当代作用的建议》（简称《内罗毕建议》）。1987 年，国际文物建筑与历史地段工作者协会（ICOMOS）在美国首都华盛顿通过了《保护城镇历史地段的法规》（又称《华盛顿宪章》）。该宪章以历史地段的保护为重点，界定了历史地段的含义及其保护内容、原则和方法，再次强调保护历史地段及其环境的重要性与紧迫性。这些都得到了中国政府的积极响应。

随着名城保护观念的日趋深入人心，各地都开始注重名城保护和城市规划的紧密结合，注重相关学术机构的成立和相关人才的培养，开始注重这方面的国际交流。1985 年 11 月我国成为《保护世界文化与自然遗产公约》缔约国，并从 1987 年开始向联合国教科文组织推荐世界遗产名单。这样全国上下形成了一个以历史文化名城保护为重要内容的、与文物保护制度相结合的历史文化建筑双层次保护体系。

在这样的大背景下，20 世纪 80 年代后期，在有识之士奔走呼号、有关部门大力支持下，从急于改变城市面貌的狂热中挽救了太谷、平遥等古城和周庄、同里等古镇，以及很多古建筑。它们在日后所产生的经济效益、社会效益及环境效益，成为一种样板，带动了全国对传统文化建筑的重视。

另外，值得注意的是，在 1986 年国家公布第二批历史文化名城的同时，首次提出了"历史文化保护区"的概念。当然，这时它仅仅是作为历史文化名城的一个有益补充，尚未作为一个独立层次进入历史文化建筑的保护体系中。

三、完善阶段：以历史文化保护区为核心的多层次保护体系

这一阶段主要是指 20 世纪 90 年代中期至今。1996 年，建设部城市规划司、中国城市规划学会、中国建筑学会在安徽黄山市屯溪召开了"历史街区保护（国际）研讨会"，会上明确提出"历史街区的保护已成为保护历史文化遗产的重要一环"。次年 8 月，建设部转发了《黄山市屯溪老街历史文化保护区保护管理暂行办法》的通知，明确了关于历史文化保护区的特征、保护原则和方法。2008 年 4 月 2 日，国务院颁布《历史文化名城名镇名村保护条例》，这使历史文化名城、名镇、名村的保护有法可依，纳入法制化轨道。历史文化保护区的保护制度由此建立。从这一时期开始，我国在历史文化建筑的保护上已形成了从单个的历史文化建筑、到历史文化名城、再到历史文化保护区的全面的保护体系。

第二节　浙江省历史文化建筑保护和利用的现状

　　浙江省是我国的文物大省之一，全省现有全国重点文物保护单位 28 处、省级重点文物保护单位 323 处。浙江对历史文化建筑保护的历程和全国基本一致，也走过了从形成到发展再到完善的三个历史阶段。浙江也是全国较早形成"文物保护单位—历史文化保护区—历史文化名城"三个层次的历史文化遗产保护体系的省份之一，先后批准公布了两批省级历史文化名城和文化保护区（名镇）。除了国家级历史文化名城中浙江占了 6 个外（分别是杭州、绍兴、宁波、衢州、临海、金华），还分别在 1991、1995、1996、2000 年先后审批公布了 12 个省级历史文化名城，即：温州、余姚、湖州、舟山、金华、东阳、嘉兴、兰溪、天台、松阳、瑞安、龙泉；在 1991、2000 年，又先后审批公布了 48 个省级历史文化区。2003 年建设部和国家文物局第一次联合审定了首批 22 个历史文化名镇（村），浙江的嘉善县西塘镇、桐乡市乌镇名列其中。至 2007 年年底，有 10 个历史文化名镇和 4 个历史文化名村。

　　根据《文物保护法》第十四条的规定，历史文化街区是指："保存文物特别丰富并且具有重大历史价值或者革命纪念意义的城镇、街道、村庄。"至 2007 年年底，浙江省省级历史文化保护区已达 78 个（见表 1-1）。

西塘古镇的风雨长廊

浙江省省级历史文化保护区　　　　　　　　表1—1

余杭区塘栖	平阳县腾蛟
杭州市萧山区衙前、进化	苍南县碗窑、金乡
建德市新叶	泰顺县百福岩·塔头底
富阳市龙门	湖州市南浔
临安市河桥	德清县新市
桐庐县深澳	嘉兴市秀洲区新塍
淳安县芹川	海宁市盐官、南关厢
宁波市慈城	桐乡市乌镇
奉化市岩头	嘉善县西塘
余姚市梁弄和横坎头	平湖市南河头
慈溪市鸣鹤	绍兴县东浦、柯桥、安昌
象山县石浦	诸暨市枫桥、斯宅
宁海县前童	嵊州市崇仁、华堂、竹溪
温州市瓯海区水碓坑·黄坑	金华市山头下、曹宅
瑞安市林垟	兰溪市虹霓山、永昌
乐清市南阁	永康市厚吴
永嘉县岩头、苍坡、枫林、屿北	武义县郭洞、俞源、岭下汤
庆元县大济	义乌市赤岸、佛堂
浦江县郑宅、嵩溪	岱山县东沙
江山市二十八都、清湖、清漾	丽水市莲都区西溪
龙游县湖镇、三门源	龙泉市上田
开化县霞山	青田县阜山
台州市路桥	仙居县皤滩、高迁
台州市椒江区章安	遂昌县独山、王村口
温岭市箬山、新河、温峤	缙云县河阳
天台县街头	松阳县石仓、界首
舟山市马岙	

　　在地方性法规的制定过程中，1988年，颁布了《浙江省文物保护管理条例》，历史文化建筑和文化名城保护是其中的重要内容之一。1999年7月25日，根据建设部《历史文化名城保护规划编制要求》，浙江结合本省情况，颁布了《浙江省历史文化名城保护条例》和《浙江省历史文化名城保护规划编制要求》，对所有列入保护名单的历史文化名城、保护区和古建筑都提出了编制保护规划的要求。与此同时，浙江省各地在新一轮的城市规划修订过程中，开始注重保护历史文化建筑在城市规划中的体现。图1-1～图1-8反映了浙江省一段时期

安昌古镇的水乡风貌

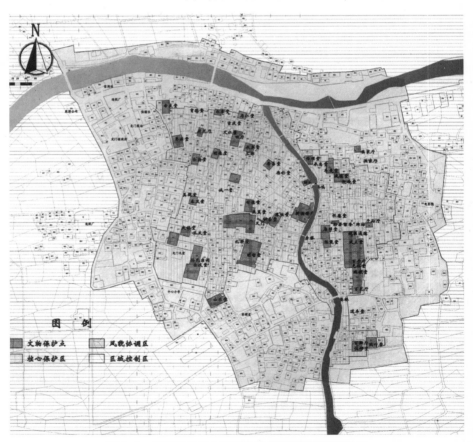

图1-1 富阳市龙门古镇历史文化建筑保护范围规划

以来各地对城市（镇）及其边缘地带历史文化建筑的保护和利用情况。在这些图中，都分别确定了对历史文化保护区和重点保护区范围内的历史文化建筑以保护、保留、拆除、改善、整饰、重建等方式予以保护和利用。

　　浙江是一个历史悠久的文化之邦，各地的历史文化建筑资源十分丰富，所以到目前为止，许多城市（镇）在修订城市（城镇）规划时，都制定了相应的历史文化保护区的保护规划，为历史文化建筑的保护提供了规划的保障。已有8个保护规划经过审批，54个保护规划正在审批或修订中，安昌、南浔、西塘等规划已部分实施，取得了很好的效果。

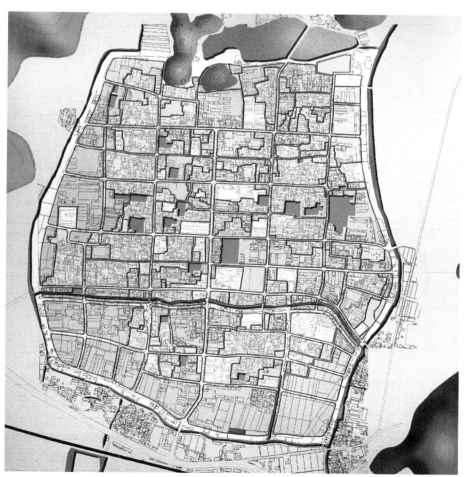

图1-2　宁波市慈城历史文化保护区保护规划（保护更新模式规划）

图 1-3 湖州市南浔历史文化保护区保护规划（保护模式规划）

重点保护区范围

风貌协调区范围

地块边界

图1-4 台州市路桥历史文化保护区保护规划

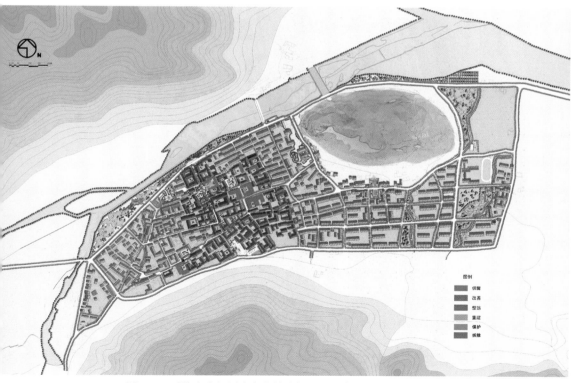

图1-5 乐清市南阁历史文化村镇保护规划(保护方式)

城市边缘地带历史文化建筑的保护和利用

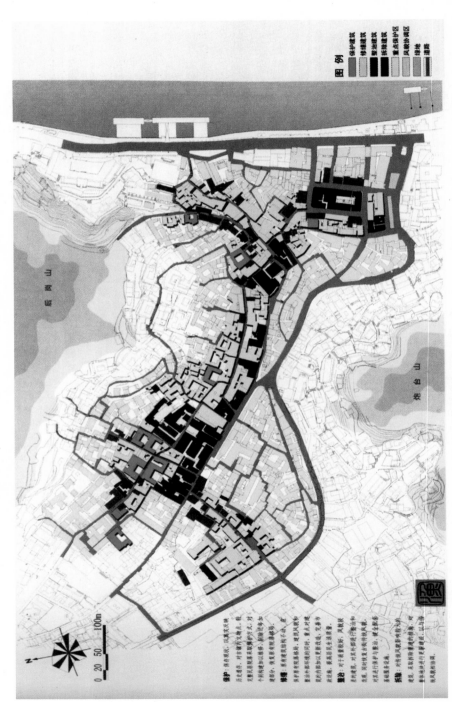

图 1—6 象山县石浦历史文化街区保护更新规划

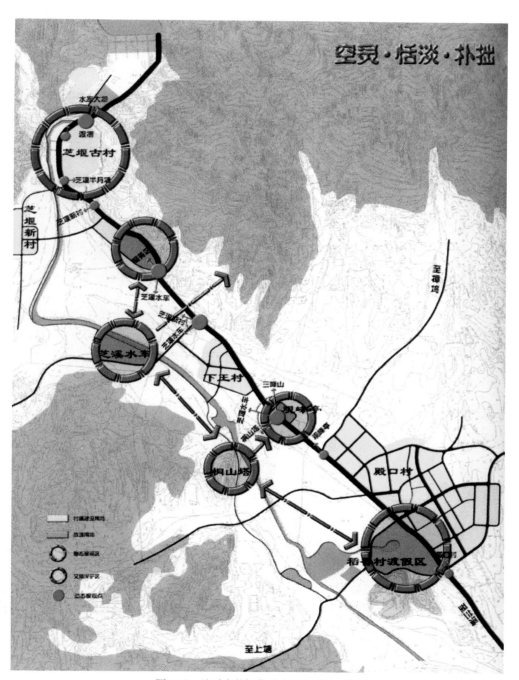

图 1-7　兰溪市芝堰集镇古建筑保护规划

图 1-8　南浔古镇保护规划框架

第三节 在历史文化建筑保护和利用方面存在的问题

当前，我国在传统文化建筑保护和利用上存在的问题不少。究其原因，有些是由于相关的法规尚不健全、人们的历史文化建筑保护意识还很淡漠；有些是由于缺乏足够的资金、人才、技术的保障；有些则是在城市发展的大潮涌过后给历史文化建筑保护和利用所带来的负面影响。主要表现在以下方面。

一、保护性破坏时有发生

文物保护观念越来越普遍地为人们所接受和重视，但实际操作中却出现一些"好心办坏事"的情况，如有些领导自己不懂文物古迹保护原则，又听不进专业人员意见，结果出发点不错，但在具体落实中却出现了问题。许多地方领导片面理解"发展是硬道理"，以为"经济发展了，什么问题都会解决"。1999年，定海中心城区古建筑的拆与保，曾引发了一场全国性的争论。部门间缺乏有效协调，规划缺乏科学性和可操作性，法律法规缺乏明确的职责划分及相应政策。《浙江省历史文化名城保护条例》规定："城市规划行政主管部门会同文物行政主管部门负责历史文化名城、历史文化保护区保护规划制定、审查、实施的具体工作。"但在实际操作中，各部门根本无暇顾及古城保护的方方面面。

在《文物保护法》中保护对象十分明确，盗窃、买卖、毁坏文物要受到法律的惩罚，严重的还要判刑，但是城市规划及名城保护的对象越来越清楚。时至今日，没有任何政府和个人对破坏历史文化名城负法律责任。

1. 古镇古村传统风貌破坏。保护是一项系统工程，不仅要求城建和文保部门协调合作，还应该有土地行政主管部门和财政主管部门、房屋管理部门、户籍管理部门的配合，要有相应的政策法规。目前，许多历史城镇对历史文化保护区和历史街区保护的实践活动中，经常遇到这样的问题：村民（镇民）建设宅基地无法另行选址，保护规划虽然做了，但建设新区的土地不能落实，村民只能旧地翻建、改建、重建。这是造成历史城镇新旧建筑混杂、风貌遭受破坏的一个主要原因。许多历史街区、历史建筑内居民人口密度偏高，住户较多，没有配套的房屋管理措施，无法疏解人口，这是保护区内脏乱差的主要原因，也是火灾频发的诱因之一。同时，保护古街区需要较大的资金投入，没有政府财政的足够支持，很难解决建筑白蚁预防、电线老化、古建修复、上下水管网改造、公厕、垃圾收集点建设等一系列问题。

2. 大建仿古建筑，鱼目混珠。近年来，由于乌镇、周庄、同里等一些古镇带来了可观的旅游收益，一些人就将历史街区仅仅看成是旅游资源，看做是当地的摇钱树，而将保护工作视为开发旅游的一个手段。这种理论上的本末倒置，带来了实践上的许多错误做法。以保护古建发展旅游的名义，拆旧建新，大建仿古建筑就是其中的一种典型情况。从北到南，各地纷纷建起仿古街，"清代一条街"、"宋街"、"汉街"，究其原因是仿古建筑比真正的古建修缮维护投入少、效益高，以至于许多原本很有保存价值的历史街区，反而沦为了"假古董"。有的地方捕风捉影，粗制滥造，甚至以假充真，用似是而非的仿古街代替传统文化街区，使文物保护工作商业化、庸俗化。有的地方重利用、轻保护，科学的文物保护观尚不为大众甚至很多部门领导所理解，对待传统文化建筑往往急功近利，追求短期经济效益，搞过量开发，使传统文化建筑受到不同程度的毁损。

3. 城市边缘地带问题特别突出。城市边缘地带是指城市（包括建制镇）附近，在近期规划或远期规划中将逐步纳入市区用地范围的地段。由于我国城市化进程大大加快，这些地段很快就将高楼林立，车水马龙。割断历史，城市建设风格雷同，甚至"千城一面"的做法，已经受到人们愈来愈多的指责。保护与利用好传统文化建筑，处理好新旧建筑的关系，保持城市文化的连续性与厚重感，形成各自的特色，更应引起高度重视。

二、保护经费短缺，宣传管理力度薄弱

保护经费短缺，是制约历史城镇保护的首要问题。国家是行使文物保护的主体，各级政府部门在城市建设中既应把文物保护纳入当地经济和社会发展计划，纳入城乡建设规划，同时又应纳入财政预算和各级领导责任制。现阶段城市建设中的投资主体多元化，有不少建设工程是投资商用商业运作模式来完成的，所以文物保护经费便转由建设单位承担。投资商（建设单位）为了降低成本以追求更大的利润，往往只对列入文物保护的单位进行出资保护，对那些虽未被列入保护范围却有一定文物价值的老式建筑与历史街区则不实施保护措施，以致被大规模拆除，导致历史文化遗产和风貌丧失殆尽。一些地方政出多门，有利争利、无利推诿。除一些重点项目外，缺乏统一协调，资金筹措十分困难。可以用于历史文化建筑保护的专项资金也极其缺乏，常常力不从心，捉襟见肘。近年来，由于古建筑装饰件、古代家具价格暴涨，出现了一批文物贩子。他们深入穷乡僻壤，套购骗买了一大批古民居构件和装饰，将很多上百年

的老宅变得千疮百孔，面目全非。

三、相关法规不健全，专业技术人才紧缺

我国的文物古建保护工作是伴随着新中国的成长而逐步完善起来的，其中走过一些弯路，也一直在探索之中。一些历史文化建筑保护的相关法规还很不健全，相应配套的制度以及相关的人才和资金还得不到有效保障。

从法规制度上看，现有的相关法规，都是由各个相关部门在不同时期制定出台的，缺乏统一标准和综合指导功能。因为历史背景和视野上的差异，不仅存在法规上的不少疏漏、缺失、空白，而且出现一些相互矛盾、相互掣肘的现象。有的条款没有配套的法规和技术标准，操作起来难以界定，甚至出现偏差，致使已列入保护名单的传统文化建筑很难得到妥善的保护，而未列入保护名单但又具有文物价值的古建筑及构配件更难得到保护。法制队伍也不健全，缺乏整体的法治环境，处罚力度不够。各执法部门之间的衔接往往不到位，形不成综合执法的格局。一旦违规，真正处罚的很少或很轻，甚至置若罔闻。这都在不同程度上制约着执法的有效性。

从专业技术人才队伍上看，这部分力量相当缺乏。历史文化建筑的调查、研究、评价、规划设计、修缮、施工、管理，都需要大量专业人才的参与，但现在我国古建保护工程老一代专业人才和匠人已日渐稀少，新一代从业人员数量明显偏少，青黄不接，队伍的整体水平也偏低，许多地方的保护工作赶不上破坏的速度，许多有价值的历史文化遗产正在继续遭受破坏。一些地方把文物保护工程等同于一般的房屋修缮工作，其结果是在实际操作中草率处置文物，造成了不可挽回的损失。正规专业培训的人员少，工作任务繁重，从事文物保

河阳·被破坏的古建筑

护工作的很多人处于超负荷工作状态，也没有条件接受系统的教育培训。不仅专业技术知识老化，而且在文物保护意识、理念等方面也跟不上时代发展的步伐。泰顺县的古代廊桥是很有特色的传统建筑形式，但能主持修缮施工的高级技工仅只 1 人。古廊桥修建修缮技术已后继乏人，面临失传的危险。

四、历史文化建筑的价值评定工作滞后

由于缺乏保护历史文化建筑的专门人才及一套快速有效的历史文化建筑价值评定体系和评判机制，许多历史文化建筑的价值评定工作滞后。在城市化浪潮涌来时，许多有保护价值的古建筑还未得到应有的价值评定，就被城市建设的推土机推平，或者被建房的村民们拆毁，只留下许多遗憾。而这些古建筑由于尚未进行价值评判，还未进入历史文化建筑的保护体系，因而对那些肆意的破坏行为只能予以舆论的谴责，而无法以法律加以惩治。下面两幅照片是在研究过程中先后拍到的两幅照片，前后相隔仅两个月时间——萧山朱凤标故居的祠堂在尚未评定其历史价值之前，就被当地村民夷为平地了。

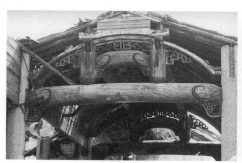 

五、历史文化建筑保护方面存在的错误导向

就眼前来讲，历史文化建筑的保护，必然会对短期的城市建设带来不利因素，给城市发展、物质建设带来许多限制条件，这就是当今历史文化建筑的保护存在的错误导向，特别是一些城市建设的管理者、经营者的一些错误观念，更是给历史文化建筑的保护带来了极其不利的影响，直接导致了历史文化建筑的建设性破坏。这些错误观念主要表现在：

——认为"现在大搞经济建设还来不及，哪有时间来搞这些破玩意儿"，把保护历史文化建筑和搞经济建设对立起来。

——认为"保护就是不准动，会束缚手脚"。

——认为"资金缺乏，凡有点钱都投到修路造桥上去了，哪有闲钱投到这里"。

——认为"破旧建筑影响市容，得来个大修大改，或者干脆拆了再建个仿古的"，好心办了坏事。

——认为"现在建的东西过几十年后也成了文物了，没什么稀罕的"。

——古建搭台，经济唱戏，打着保护古建的大旗，其实只是一个幌子，借保护古建的由头，来促销促贸，如果把握不准，往往会反过来侵害到历史文化建筑。

——提出要"倡导积极保护，反对消极保护"，这种提法看似十分正确，但实质上它是混淆了概念。保护历史文化建筑就是要维护保护对象的原有价值不受损害，这其中的保护包括建筑物自身以及它周边的历史文化和自然的环境，无论对建筑还是对整个街区、地段，都应该有明确的保护要求。"积极、消极"说的实质是要降低保护要求，以满足一些眼前利益的要求。

——保留古建筑，但把其中的居民全部迁出，把原先的民居全部改为旅游和娱乐设施。这种做法虽然没有形式上的大拆大建，但是历史文化建筑和街区一旦失去了传统的生活方式和内容，也就失去了其"生活真实性"。那种表演性的仿古活动，其实质上也是在造"假古董"，其结果同样会使原来的历史文化街区失去其应有的历史韵味。

在历史文化建筑保护过程中出现这些问题和错误观念的原因：一是部分地方政府没有全方位、多角度地认识到历史文化建筑遗产的价值，导致工作中忽视、经济上支持不足、法律法规制定不及时、急功近利等一系列问题。二是在保护和发展过程中，没有真正解决好保护和发展的矛盾，导致在历史文化建筑保护和管理上"缺位"、"错位"、"越位"，不能达到历史文化建筑保护与现代城市建设的和谐共生与良性循环。三是规范制度设计不够，专家指导、社会和民间资本参与缺失。

第二章

边缘地带历史文化建筑
保护和利用的理论机制

有效解决城市边缘地带历史文化建筑保护和利用方面存在的诸多问题，根本出路在于能否构建起科学的理论体系及有效的运作机制。

第一节　历史文化建筑保护和利用的理论综述

概括有关历史文化建筑保护和利用方面的理论。国内外都曾有过多种主张，其中不乏成功的，有失效的，也有功过相兼失之偏颇的，教训多多。现简要列举如下。

一、以保护为主的理论

泛文物建筑保护论。整理修缮古建筑的目的，既要以科学技术的方法防止其损毁，延长其寿命，更要最大限度地保存其固有的历史、艺术、科学的价值，保存原来的建筑形制，保存原来的建筑结构，保存原来的建筑材料，保存原来的工艺技术、建筑形式、艺术风格。各个时代、各个地区、各个民族都有自己的特点。正因为如此，它们才能作为历史和多民族文化的物证。维修历史文化建筑时如果改变了原状或张冠李戴，其价值就不复存在了。

二、以更新、利用为主的理论

美国战后城市失败的更新规划给了人们教训。1949年，美国通过《住房法》，开始城市中心再开发运动。由于缺少弹性和选择性，对城市的多样性产生了破坏，被称为是"天生浪费的方式"，并且没有解决贫民窟的问题，反而使资金流入投机市场，影响了城市的正常发展。推土机时代的激进做法和大规模拆建是城市建设的败笔。

三、保护性开发理论

城市更新中关于建筑保护和文脉延续观点的演变，逐渐倾向于采取"谨慎的城市更新"和"批判的历史保护"的思想和方法。德国20世纪70年代转变了城市更新思想，通过整治修缮和安装现代化设施改善现存建筑，尽量不考虑拆建的办法。

在中国城市发展的边缘地带，不加控制的发展必然是破坏性的。对地区特征不加区别，城市随意扩张、蔓延，将慢慢蚕食城市的历史环境特征和自然环境特征，无可挽回地破坏所有的历史遗存和令人难忘的景色。

四、历史文化环境整体性保护理论

该理论主要提出了历史地段和历史保护区概念。历史地段指能够反映社会生活和文化的多样性，在自然环境、人工环境和人文环境诸方面，包含城市历史特色和景观意象的地区。国内相关概念有"历史街区"、"历史建筑群"、"历史文化保护区"等。美国"历史性场所的国家登录"则定义为"历史地段指一个有地区性界限的范围——城市的或乡村的，大的或小的——有历史事件或规划建设中美学价值联结起来的场地、建筑物、构筑物或其他实体，在意义上有凝聚性、关联性或延续性"。❶

历史地段保护最重要的内容之一就是划定保护区。历史保护区是为保护历史地段的整体环境，协调周围景观，划定一定范围的建设控制地带。保护区划定的关键是"整体特色"，一组优美的建筑、街道形态、开放空间、古树名木、村庄民居或有历史、考古价值的场所等都可以成为保护区。

历史文化环境整体性保护是对城市特色的保护，也是文化旅游中最吸引人的场所，能够提高人们的文化素养，增加原住民的自豪感，增强城市活力。当然，由于现代社会的急速发展，对历史地段的保护，不应仅是现状冻结，而应是对长年累积下来的物质、技术和精神方面的遗产有一个历史的、正确的评价和继承，而历史文化建筑的保护就被融合进了这种整体环境保护规划之中，包括历史建筑资源普查、分析、评估，历史建筑类别、等级的确定，历史风貌、空间特色的分析与评价，视觉景观分析、建筑高度分区控制，历史环境更新、整治及再开发利用和公众参与及文化活动的开展，历史文化建筑由此也更有了展示的舞台和新的生机和活力。

五、历史保护的生态环境观理论

基于可持续发展思想的城市历史保护的生态环境观认为，资源是有限的，并可分为"可再生"、"不可再生"两类，再生则包含繁殖和再循环两个层次。再循环使用旧建筑，有利于减少资源使用量和残余物排放量，从而改善城市环境，保护生物圈。可将历史建筑、历史环境看做是再开发、再利用的资源的保护利用，首先具有了经济意义。其次，通过旅游观光增加收入，增长知识则增加了历史建筑保护的经济和社会效益。最后，该理论认为仅把具有历史价值的

---

❶ Keeping Time-the History and Theory of Preservation in Amercia[Z]:103

古老建筑或城镇整个送进历史博物馆的做法是不现实也没有意义的，历史文化建筑的保护应强调维持原住民的居住生活，并改善他们生活的环境空间，使他们的生活更加丰富多彩。

六、新的趋势——整体综合的历史保护理论

近年来，历史文化建筑的保护成为了多学科共同参与研究的综合行为，综合性保护理论主张运用多学科的研究成果，通过各种技术手段，对历史文化建筑进行调查、鉴定、保护、展示、开发和利用。也就是说历史文化建筑的保护从纯粹纪念意义上的关注走向规划意义上的关注，从物质形态的解决转向了在更大的系统内寻找对策的解决思路。这个系统涉及了经济、社会、环境、生态等诸多领域。在这种观点的影响下，当前历史文化建筑的保护从文物专家、建筑师、规划师的专业技术行为已演变为一种广泛的社会调查和公众参与的保护运动。该观点认为每一处人居环境都有它独特的品质，源于它所处的地理因素、政治、经济和社会的状况以及以后的历史发展影响。保护不仅是针对外在或外观的东西，更要变成社区保护；不再只为保护房子的精美，而必须尊重各民族、各地区、各社区居民的选择和愿望。采取灵活选择方法，发展出符合各自文化特色、地理环境、经济状况的一套方法。某种程度上，该观点泛化了历史文化

建筑的保护，从保护纪念文物建筑扩展到保护有一定历史文化内涵的建筑，从而来保护整个区域的历史文化。保护已作为一种维持城市或区域的个性和增强居民的荣誉感的手段。

第二节　城市化和边缘地带相关理论综述

一、城市化理论

城市化是动态的演化过程，城市化理论的发展也是不断更新完善的过程，从区位理论、结构理论、人口迁移论、非均衡增长论到生态学派理论演进，体现了人们对城市发展规律认识的不断深化。区位理论主要包括农业区位论、工业区位论、城市区位论等，结构理论包括刘易斯的二元经济结构理论、"刘易斯—拉尼斯—费景汉"模型、乔根森的二元经济模型、托达罗的劳动力迁移和产生发展模型、舒尔茨的农民学习模型、钱纳里·塞尔昆的就业结构转换理论，人口迁移论包括推—拉理论、人口迁移转变假说、配第—克拉克定理，非均衡增长论包括佩鲁的增长极理论、弗里德曼的中心—边缘理论、缪尔达尔的循环累积论、赫希曼的非均衡增长理论，生态学派理论包括田园城市论、古典人类生态学论、有机疏散论、城市复合生态系统论、山水城市论等。不同的角度、不同的侧重点，形成了既有共性又有个性的城市学科群，对这些理论的综合分析，有助于我们加深对城市化发展的认识和理解，提高人们对城市认识的深度和广度。

二、城市边缘地带理论

随着城市的向外扩张以及交通条件的完善，城郊与城区的联系愈加紧密，其空间组织发展的理论也有了新的进展，与城市边缘地带理论有关且比较典型的有：

1. 区域城市理论。1975 年，洛斯乌姆研究了城市地区和乡村腹地后提出，在城市地区和乡村腹地之间存在一个连续的统一体，这个统一体被称为城市区域。它通常包括一个很大的范围，跨度能达 80 ~ 100km，比如伦敦、巴黎。其主要特征：一是土地使用和人类活动的密集核心，并且由此向外围扩散。二是有很大的居住选择空间，中心市区、边缘区以及城市区域内的小城镇。三是将整个系统连接在一起的是不同功能空间上的活动。如工作空间可能在中心市区，居住空间可能在边缘区，娱乐空间可能在乡村腹地等。四是有密集的连接网络。如交通、通信以及其他设施性网络将整个城市区域连接为一个整体。

城市区域作为一个整体系统，其各区域的特点：一是城市核心区。包括相当于城市建成区和城市新区地带的范围，总的特征是它们之中没有农业用地。二是城市边缘区。位于城市核心区外围，其土地利用已经处于农村转变为城市的高级阶段，是城市发展指向性因素集中渗透的地带，也是城市郊区化和乡村城市化地区。由于这一地区是一种特定的社会空间结构实体，它已经发展成为介于城市和乡村间的连续统一体。三是城市影响区。从理论上讲是指城市对其周围地区的投资区位选择、市场分配、产品流通、技术转让、产业扩散等多种经济因素共同作用波及的最大区域范围。四是乡村腹地。这一地区由一系列乡村组成，受周围多个城市中心的作用，与城市没有明显的内在联系。但按照立法管理的城市区域范畴，这是一个有规模形态并具有时空限定的空间范围。

2. 城乡一体化理论。城乡一体化是城市化发展到高级阶段的区域空间组织形式。在这个阶段，强调的不是发展阶段上的城乡一体化，而是观念上把城乡区域看做一个有机整体。一方面，在农村城镇化中，以城乡一体化为主导，注重农村空间布局，并加强城乡之间的便捷网络系统的建设；另一方面，依靠城市功能的完善和城市辐射力的加强，两者共同构筑城乡一体化格局。在我国，关键是要破除割裂城乡的二元化体制。

3. 多核心结构模式理论。埃里克森通过对美国 14 个特大城市 1920 年以来人口、产业等向外扩散情况的研究，将城市郊区（边缘区）土地利用空间与结构演变分为三个阶段（图 2-1）：

外溢——专业化阶段：城市边缘区土地利用空间与结构的演变，首先是城市的各种功能向周围地区溢出，在郊区农村形成非农的专业化生长点，比如单功能的工业区、居住区等。

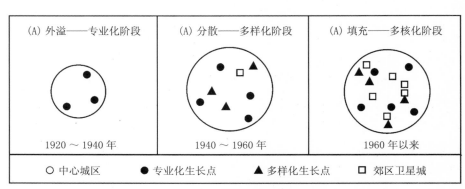

图 2-1 埃里克森的多核心结构模式

分散——多样化阶段：由于交通运输条件的改善，城市人口与产业扩散不断加剧，使城市郊区土地非农开发趋向多样化，各种类型的功能区数量增加，形成一系列多样化生长点，郊区产业结构中，农业地位相对下降，工业、居住、商业等呈现相互结合态势，非农产业占主导地位。

填充——多核化阶段：在城市郊区的一些优势区位，比如放射线和环形线道路的交叉点上，通过进一步的空间聚集，吸引更多的人口和产业活动，使郊区土地非农开发出现多核化，形成次一级中心城市——卫星城或边缘城市。

第三节　城市化与边缘地带历史文化建筑保护和利用的互动影响机制

城市化快速发展时期，不仅带来城市边缘地带历史文化建筑保护和利用范围的扩大，还直接影响了该区域历史文化建筑保护和利用的具体方式。由于城市化过程以及对城市边缘地带的影响相对复杂，因此研究边缘地带历史文化建筑保护和利用问题应把握城市化的发展规律及其影响。但从国内外研究的现状看，该方面较少有系统论述。为此，有必要探讨彼此之间的互动影响关系。

一、城市边缘地带城市化的主要特点及发展规律

城市边缘地带是一个人口构成复杂、土地利用方式多样和社会分工较不明显的区域，是一个兼具城市和农村双重特点的过渡地带。由于其特定的区位条件，这一地区的城市化具有自己独特的变动规律。

1. 边缘地带城市化的内在动力规律：受经济社会发展水平影响与制约。社会经济发展推进这一地带的城市化发展和人口的空间转移，从而左右了城市边缘地带的城镇化前途和格局。欧美发达国家城市的发展证明，经济社会发展越发达，城市边缘地带的高速公路和其他基础设施、配套设施就越完善，人们在出行便捷、生活方便、物质享受等方面的城乡差别已经很小。同时在解决温饱问题后，人们会有更高层次上的需求——新鲜的空气、优美的环境、舒适的空间、安静的氛围。因此，发达国家的城市出现了逆城市化现象，其城市边缘地带往往成为富人社区集中和社会文化事业发达的地方。我国由于多年来形成的巨大的城乡差别以及大多数城市尚处于城市化初、中阶段，城市边缘地带经济文化和社会发展多股力量混合交织，比较复杂，也最有活力和发展力。

2. 边缘地带的地域空间变动趋向于：农村城市化和城市郊区化并存。由于同时受到来自市区和郊区两种作用力的影响，城市边缘地带呈现较复杂的动

态过程，既有农村城市化趋向，也有城市农村化趋向。农村城市化是一种集中型的城市化，主要出现在城市化初、中级阶段。这时，农业剩余劳动力、农村居民和农业资本逐步向城市边缘地带或郊区的城镇集聚，使之规模进一步扩大。城市郊区化是一种分散型城市化，主要指城市功能、资源、活动向周边辐射和扩散，使周边地区的生产方式和生活方式城市化的过程。一般出现在城市化中级阶段的后期和高级阶段。20 世纪初发达国家出现了城市的分散趋向。而农村的城市化进程目前已基本完成。我国改革开放以来，沿海大城市出现了两种形式并存的局面，一方面城市化不断推进，另一方面城市郊区化趋势也在抬头，而城市化最敏感、变化最大、发展最迅速的地区就是城市边缘区。这一地带，城市的因素不断增加，农村的因素逐渐衰退，随着这两种城市化形式的推进，城市边缘地带城镇在空间上由城市化初级阶段的"点"状、城市中级阶段的"带"状变为城市化高级阶段的"网"状，城乡界限模糊，城乡一体化趋势初步显现。

二、城市化发展对城市边缘地带历史文化建筑的总体影响

城市化进程各专业理解角度不一。经济学家认为，从城市与经济的关系看，人口、社会生产力逐渐向城市转移和集中的过程，是引起产业结构、消费结构发生重大变化的乡村经济向城市经济的转变过程。社会学家认为，从人们的行为方式和生产方式变化的角度，是人们的行为方式和生产方式由农村社区转向城市社区，并由此引起各种社会关系变化的过程。地理学家认为，是人口向城市地区集中和农村地区转变为城市地区（或指农村人口转变为非农人口）的过程。从社会结构看，城市化实质上是社会成员的地域流动和阶层流动的过程，它深刻地影响着社会成员的生活方式，特别是其中的一个重要内容——居住方式。而城市边缘地带有价值的历史文化建筑，除了部分被列为文物保护单位和

文物名单的以外，绝大多数还正在被使用中，大量的是在作为住宅而使用。城市化对此影响主要表现如下：

1. 城市化是推动边缘地带历史文化建筑被发现、被保护和利用或被铲除消灭的根本动力。农村人口转变为城市人口后需要居住、购物、就业，这给土地的开发供给提出了新的挑战。由于过去旧城改造时遗留的城市更新等旧观念的影响，土地管理部门、规划部门、开发商往往从自身管理或经济社会条块效益着眼，开发建设往往采取全面更新的手段，较少考虑当地的历史和环境，特别是对要保留的当地文化风貌特色考虑较少或因难以操作而措施不到位。加上文物部门资金、人员少，不少尚未被普查到或来不及上保护名单的有价值的文物古迹也被推倒，更毋论那些具有一般地方风貌特色的历史文化建筑（乡土建筑）的命运了。

2. 不同形式的城市化人口对历史文化建筑的保护和利用带来不同的影响。城市边缘地带人口较复杂，包括城市郊区化人口、农村城镇化人口、外来人口和本地原住民。这四种人群对工作、居住和生活配套以及公建的需求有明显的不同。本地原住民拥有历史文化建筑的使用权和部分产权，老年人并不想改变生活方式；外来人口有大量的租房需求；农村城镇化人口（原住民中的一些青壮年）对改建原有住房和建设新区积极性较高；而城市郊区化人口一般为两类，物质生活条件富裕的寻求田园风光高档住宅、别墅的人群和承受不起市中心较高房价的城市工薪阶层。对历史文化建筑的保护和利用而言，城市郊区化人口文化素质相对较高，原住民尚有保留自有住宅的想法，可以成为接受历史文化建筑保护和利用的公众群体，而另外两类人的活动力较为活跃，则是可以使历史文化建筑保护和利用更有使用活力的公众群体，如果能正确利用、引导和满足这些人群的生活需求，对历史文化建筑的保护和利用大有好处。但如果不加引导和宣传，这些公众群体的活动和住房需求往往又成为开发商寻求短期效益、高额利润的借口和动力，成为导致历史文化建筑破坏的最主要因素。

3. 城市化建设的空间延伸，对保护和利用历史文化建筑的影响。城市化人口的数量、结构以及流动的距离、方向、阶段等分别影响着城市商业区、产业区、宅基地以及公建的消费量、消费结构、区位和消费时机，进而影响到城市边缘地带开发建设的总体定位，包括开发建设的规模确定、区位选择、结构确定和时机选择。城市化建设的空间伸展方向与交通线路直接有关，从国外的情况看，主要有沿交通线的线状伸展和沿交通站点的点状组团分布两种形式。城市边缘地带历史文化建筑的发现与评估往往需要抢先于开发建设之前，甚至在具体规划之前，然后结合普查到的情况和该区域的实际经济社会发展情况、产业和人口结构、规模、流动等制定相应的保护规划，当前特别要重视正确引导当地公众的保护和利用意识以及促进开发商保护和利用历史文化建筑的积极性（见表 2-1）。

城市边缘地带城市化进程中的西方比较　　　　　　　　　　　表 2-1

项目	中国	西方
社会经济环境发展	20 世纪 80 年代	20 世纪 20 年代，20 世纪 50~60 年代为高潮
	计划经济向市场经济转变	市场经济条件
	逐渐富裕，经济水平明显较低	人民生活日益富裕
	交通在改善之中，尚不能满足发展需要	城市边缘地带条件改善
	中心区具有巨大吸引力，并因土地功能置换和大规模更新改造形成动迁的最初动力	中心区社会环境问题严重，产生人口外迁动力
	轿车普及	公交、自行车、轿车
	因基本居住生活空间可一定程度改善而外迁	人口外迁追求良好环境
	城市土地有偿使用制度促使工业外迁	工业外迁追求廉价土地
	基本被动、有组织外迁	自发外迁
现象结果	富裕阶层能承受中心区高房价而留下，外迁的主要是并不富裕的工薪阶层，但也有部分富裕阶层	富裕阶层首先从市中心外迁
	外来人口聚集在城市边缘地带	外来人口涌入市中心
	中心区商贸、金融、服务等以三产为主的经济职能大为加强，并有大量资金投入旧城改造	郊区化导致中心区衰败，城市财政出现困难
	郊区居住、经济功能同时都在加强，但基础设施一般滞后	郊区由单一居住功能向综合性功能转变

三、城市边缘地带历史文化建筑的保护和利用对城市化发展的影响

"城市化引起社会的急剧变化，2003 年发展中国家的城市化水平是56.2%。我国不同城市的城市化水平也有很大差异，我们不仅要考虑城市化的普及，还要极大地提高城市化的品质和城市生态环境质量。"[1] 通过城市边缘地带历史文化建筑的保护和利用对城市化施加影响力，主要通过保留文脉，保持该地区历史文化风貌特色的规划来实现，从远期效益来看，它也是拉动该地区吸引人口聚集、加快城市化建设以及提升城市化质量的有效推动力（图 2-2）。

---

❶ 语出郑时龄教授，工程院院士，同济大学建筑历史与理论专业。

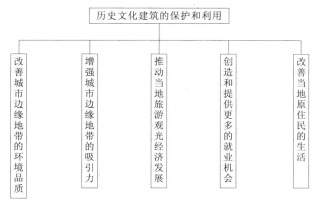

图2-2　历史文化建筑的保护和利用

1. 保护和利用良好的历史文化建筑空间形态和独特的历史文化风貌，改善薄弱的基础设施建设，推动边缘地带的城市化进程。中国不仅人口众多，而且地区和民族的差异性明显，同时城市具有不同的类型、规模、性质、区位历史和文化。城市化过程中，城市的发展和扩大必须从城市自身的特点和功能出发，形成特有的产业结构、企业结构和行业结构，从城市规划、城市设计、城市建设维护和张扬自己的特点。在现代的城市竞争中，特色才是真正的竞争力。

城市边缘地带、周边小城镇城市化，都要以满足人的需要，包括物质和文化的需要，以及全面提高人的素质为根本。城市的建设与扩大，城镇的建立和发展都要有利于实实在在地提高人们的经济收入和生活质量。城市化不仅是经济发展过程，同时也是教育的普及过程和文化的传播过程，是经济、文化和教育的三管齐下或三位一体。空间环境质量和品位内涵的提升可以满足人们更高的精神文化方面的追求。城市边缘地带历史文化建筑较好的保护和利用可以创造安静幽雅的环境，展示深厚的历史文化积淀，加上清新的空气和贴近大自然的景观就可以吸引和聚集多股人流，推动该地区城市化的迅速发展。

2. 城市边缘地带历史文化建筑的合理保护和利用能推动当地商贸旅游和服务产业的发展。旅游业带动的三产行业较多，覆盖面广，渗透力强，市场需求广阔且属于劳动密集型、成长型产业，提供大量的就业机会和改善原住民生活。在当前扩大内需、调整经济结构中起着相当重要的作用。通过就业机会的增加，吸引更多人群聚集，成为边缘地带城市化发展的又一拉力。

3. 历史文化建筑应当是我们的资源、城市的特色，而不应当看做是城市建设的障碍。好的建筑是好的城市标志，是城市的品质。城市塑造建筑，建筑也反过来塑造城市。建筑构成城市的形态结构和功能结构，有什么样的城市，就会有什么样的建筑。反之，有什么样的建筑，就会有什么样的城市。合理地保护和利用边缘地带历史文化建筑遵循的是可持续发展和环境保护的原则。应当在保护和利用中提供吸引人和方便生活的地区，使人们乐于在其间生活和工作，提高生活品质；鼓励在有可能减少能量消耗的地方开发新建筑；鼓励城市土地和建筑再生，对被遗弃和被污染的土地修复后加以利用、进行开发或者作为露天场所；进行综合开发，把维持乡村经济和保护乡村的风景、野生动植物、农业、森林、娱乐以及自然资源价值等相结合；在那些对开发进程感兴趣的所有人当中，促进对可持续发展的理解，有效地把节能设计和（在生产、使用和处置过程中）对环境影响最小的材料结合在一起，并保持生态多样性的建筑，可以挽救由于过去城市中心区旧城改造而造成的城市同质化（千城一面）趋向。城市化既是一个过程，也是一个结果，它受到非常复杂的环境和社会因素的影响和制约。要坚持实事求是的方针，形成城市化模式的多样性、进程的差异性和路径的区别性，形成城市化的生动活泼的局面。

四、历史文化建筑保护和利用是城市边缘地带建设发展的保证

城市的发展是一种历史文化现象，城市文化是现代化的根基，是城市的气质。每个时代都在城市中创造与留下了自己的痕迹。在城市向外扩张时，保护历史的连续性、保留城市的记忆、保留可贵的历史文化建筑等遗产的策略，是具有历史意义和战略意义的重大问题。

1. 保护城市边缘地带历史文化建筑是建设高质量新城的重要内容。城市经济越发达，社会文明程度和现代化水平越高，保护历史文化建筑就越显重要。因一个没有文化的城市是一个没有品位的城市，文化是进步的动力，是历史的积淀。城市历史文化建筑是通过漫长的历史逐步形成和遗留下来的宝贵财富。它对于经济发展，对于提高居民的文化品位、陶冶高尚情操、增强民族自尊、激发爱国主义热情、提高区域文化形象，都有极大的作用。保护文化遗产与发展地区经济不是对立的，而是能够相互促进的。

2. 保护城市边缘地带历史文化建筑是建设特色城市的新的亮点。城市特色是指一座城市的内涵和外在表现明显区别于其他城市的个性特征。城市的危机在于趋同化，失去个性。城市历史文化遗产是城市特色内涵的重要集中表现。它可以表现独特的城市民俗风情，传统的文化痕迹，富有创造性的个性特征。

它是超越国界和民族的，是人类的共同财富，具有普遍的吸引力。城市化发展，扩展了城市的区域范围，也纳入了新的城市特色，保护和利用好城市边缘地带历史文化建筑，可以成为推进城市化建设新的亮点。

城市文化气质与内涵既可以从社会角度、精神文明方面来考察，又可以从物质环境、利用自然、建筑环境协调优美、城市交通井然有序来考察，它也是一种文化表现。尤其是建筑个性和风格，更容易表现城市的个性，凝聚城市的历史、传统和风貌，是独特的人文环境的物化形式。德国规定，凡 80~100 年以上的建筑都必须无条件地保留。相比之下，我们有些城市和地区对历史文化遗产保护的意识却相当不足。

3. 保护城市边缘地带的历史文化建筑可以提升市民的文化素养。城市边缘地带中的乡土建筑艺术，是中国民间文化的一个重要组成部分，给人文化的启迪和熏陶。文化氛围浓郁、富有特色，对城市居民的影响至为深刻，对提高居民的素质有极大的作用。一个城市所形成的特色和文化气质，常常积累了世代之功，是一代代祖辈留下的硕果，对市民是一种文化熏陶，并起着潜移默化的作用。

总之，保护城市历史文化遗产是城市各级政府和每个市民的神圣职责。政府要加大对文化遗产保护的投入和力度，同时要广泛发动群众，让每个公民都能自觉珍惜、爱护文物，并且要加强舆论监督，有了群众支持和舆论支持，保护名城和保护遗产就有了强大的力量，就能落到实处，我们这一代人不再就有可能给后人留下历史遗憾。

第四节　边缘地带历史文化建筑保护和利用的实践模式

　　与城市中心区的历史文化遗产不同，城市边缘地带的历史文化建筑更带有乡土建筑的特点。正如 1999 年墨西哥 ICOMOS 第 12 次大会批准的《关于乡土建筑遗产的宪章》提到的，这些建筑"在人类的情感和自尊中占有重要的地位。它们已经被公认为有特征又美丽的社会产物。它们看起来是不拘形式的，但却是有秩序的"。这表明各国的有识之士看到了世界文化、社会、经济在转型过程中的同一化倾向，感到乡土建筑遗产的存在已经十分脆弱，因此特别通过这个宪章来加以挽救。在我国城镇化急剧加快的新形势下，加速保护城市边缘地带历史文化建筑已刻不容缓。以下归纳了几种城市边缘地带历史文化建筑保护和利用的具体实践模式，供进一步研究。

一、分批搬迁、集中保护的模式

　　由于发达国家在工业化和城市化过程中人口向城市转移，大量富有地方特色的乡土建筑处于被废弃状态。针对这种情况，欧洲的一些国家发展了野外建筑（图 2-3）、民俗博物馆，把这些乡土进行建筑搬迁，集中加以保护。当然，这种保护方式破坏了被保护的建筑与原有环境的联系，但却使许多原本难以保护的古老建筑得到了集中保护，使其社会价值得到了体现。挪威民俗博物馆里约有 170 个自挪威各地迁移过来的木造建筑。迁移时，先在原地解体，然后运

图 2-3　欧洲野外博物馆

到这里，再依专家指示照原型复原。在这些老式建筑中，最吸引观光客的应是1200 年前建造的一座木造史塔夫（Stave）式教堂。到此参观可一窥农业国的传统建筑物及农民的生活方式。

二、精选保护典型加以保护利用的模式

主张精选保护一些"有典型特征"，携带丰富历史信息，建筑质量较高，保存着建筑的多样性和建筑系统的完整性的聚落。例如对四川川西林盘的研究和保护利用。林盘是蜀地固有的一种生存居住模式，也是人类居住环境演变过程中的一个中间环节（图 2-4）。它遍布于四川各地，以成都平原的聚落最为典型。林盘是蜀地先民与自然互动的产物；是承载蜀文化与各地移民的载体。由无数林盘构成的聚落在空间形态和自然人文景观方面独具风格，是川西农耕文明的典型代表。川西农家村落甚小，更多的是单家独户，门前流水，舍南舍北则为茂林修竹环绕，茅屋掩映于竹林之中，故范成大说川西"家家有流水修竹"。川西称这种流水修竹之家为"林盘"。每家拥有"林盘"一座，既美化环境，又是副业、手工业的原材料。

单个的林盘即农民的住房并没有什么可保护的价值，但将它放在一个与都江堰灌溉水系相联系的大格局中，其价值就是世界上唯一的由人工技术调节的、具有数千年历史的、至今还发挥作用的农耕文明区域，是数千年来农耕文明形成的有显著地域特征的生产、生活和聚居方式的一种物化的形式。将整个都江堰人工水系（内江）及附载着的农耕文明——林盘聚落一并申请为

图 2-4　川西农居

世界农耕保护区，作为一个系统完整保护下来，对于文明的多样化起到示范作用，具有重大意义。使人们认识到世界文明进步到今天不仅仅是工业文明时代、后工业文明时代、信息时代，同时还存在农耕文明时代的缩影。对林盘家园的整体形态进行研究和保护，有助于丰富我国关于"地域性"生存环境和建筑类型的研究。

三、另建新村保护旧村

城市边缘地带乡土建筑的存在方式是形成聚落，各种各样不同类型、不同功能、不同性质的建筑在聚落里组合成一个完整的系统，这个系统和乡土生活、乡土文化相对应，是一个有机体。一幢乡土建筑只有在这个系统里才具有最充分的意义，发挥最大的价值。因此，只研究和保护聚落中少数几幢特殊的建筑

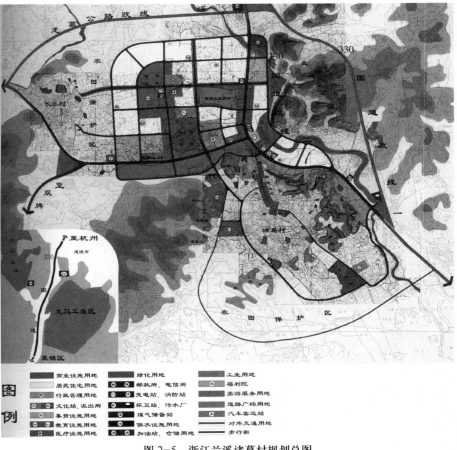

图2-5　浙江兰溪诸葛村规划总图

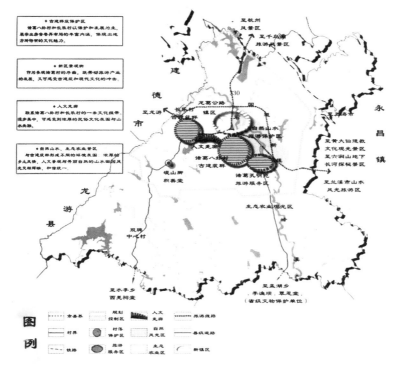

图 2-6　诸葛镇镇域旅游规划

物而不保护聚落的整体，就会失去大量的历史信息。保护一个完整的村落，包括它的"天门"、"水口"，特殊情况下还要保护它的茔地，那远远比保护孤立的几幢房子困难得多，不过也不是不可能，关键在于选点、规划和设计。规划的难点主要有两个，一个是保护与旅游开发的关系，另一个是保护与生活发展的关系。将旅游开发放在第一位，还是将保护乡土建筑的"文化价值和传统特色"放在第一位，对规划工作具有"方针性"的影响。《关于乡土建筑遗产的宪章》强调，"乡土性不仅在于建筑物、构筑物和空间的实体和物质形态，也在于使用它们和理解它们的方法以及附着在它们身上的传统和无形联想"。

　　如何解决乡土聚落的保护和生活发展的矛盾，清华大学陈志华教授认为，有很大一部分聚落最好的办法是用放弃来保护它们，即另建新村以保旧村，承认在这些聚落里没有多少容纳生活发展的余地，尽管这些村子有非常高的历史、科学和艺术价值。我们的绝大多数村落，生活质量很差，住宅是用半永久性材料和非永久性材料建造的，采光、通风、防寒、防火水平很低，没有合格的卫生设施，更不能适应家庭改型后新的生活方式。村子的公共设施很少、很落后，缺乏医院、商店、服务行业和休闲娱乐场所，机动车难以出入，排水很原始。有一些问题经过努力可以有所改善，有一些则几乎不可能。如果为了提高居住质量，大幅度更新住宅和村落，那就完全失去了保护的意义。因此，在这种情况下，另辟新村是保护作为文物的乡土聚落的最佳的甚至唯一的方案。

诸葛镇位于浙江省兰溪市西部，离兰溪市区 18km，紧邻浙中枢纽金华，相距 46km。由于诸葛镇的建设现状（包括镇区规模、基础设施）远远不能满足发展需要，而且老镇区所在位置破坏了诸葛村的原有布局。华中科技大学设计的《诸葛镇总体规划》提出两个古村落和一个工业区成"三足鼎立，成片发展"之势，新建一个镇区，使其与古村落脱开，但位于三足鼎立的中心部位。这样，新镇区可以建设商店、旅馆等设施以支持和发展古村落旅游业，也可提供一批现代化住宅小区，满足当地居民随着生活水平的提高对现代化住宅的需求，并与两个古村落在空间上保持必要的联系（图 2-5～图 2-7）。

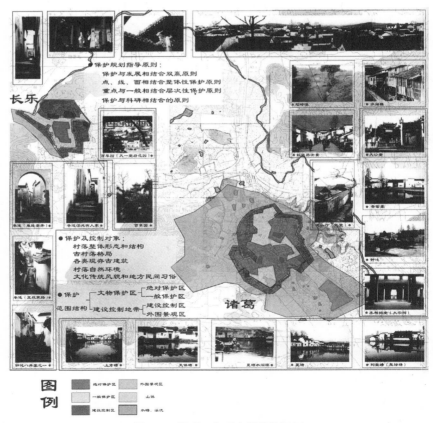

图 2-7　诸葛、长乐古村保护规划

·第三章·

历史文化建筑保护
和利用的保障体系

　　我国的传统文化建筑极其富饶，为了保护这些人类珍贵的文化遗产，从中华人民共和国成立之日起，经过数十年的努力和探索，基本上建立起了一套比较适合中国国情的保护物质文化遗产的法律法规体系。这个法律法规体系框架可分为两个方面（表 3-1）。

我国现有的涉及历史文化遗产保护的部分法律法规　　　　表 3-1

国际公约	
1972 年 11 月	《保护世界文化和自然遗产公约》
1985 年 11 月	《国际公约中中国加入的保护世界文化遗产的公约》
全国性法律法规	
1950 年	《关于保护古文物建筑的指示》
1950 年	《关于名胜古迹管理的职责、权利分担的规定》
1951 年	《地方文物管理委员会暂行组织通则》
1951 年	《在基本建设工作中保护文物的通知》
1953 年	《关于在农业生产建设中保护文物的通知》
1956 年	《关于古文化保护遗址及古墓葬之调查发掘暂行办法》
1961 年	《文物保护管理暂行条例》
1961 年	《国务院关于进一步加强文物保护和管理工作的指示》
1963 年	《文物保护单位保护管理暂行办法》
1964 年	《古遗址、古墓葬发掘暂行管理办法》
1979 年	《中华人民共和国宪法》第二十二条
1980 年	《关于加强历史文物保护工作的通知》
1982 年	《中华人民共和国刑法》第一百七十四条
1989 年	《中华人民共和国城市规划法》
1989 年	《中华人民共和国环境保护法》
1991 年 6 月	《全国人民代表大会常务委员会关于惩治盗掘古文化遗址古墓葬犯罪的补充规定》
1992 年	《文物保护法实施细则》
1993 年	《关于在当前开发区建设和土地使用权出让过程中加强文物保护的通知》
1994 年	《关于审批第二批国家历史文化名城和加强保护管理的通知》
1994 年	《历史文化名城保护规划编制要求》
1998 年 9 月	财政部《国家历史文化名城保护专项资金管理办法》
2002 年 8 月	《国务院关于加强城乡规划监督管理的通知》
2003 年 5 月	《纪念建筑、古建筑、古石窟等修缮工程管理细则》
2003 年 7 月	《中华人民共和国文物保护法实施条例》
2004 年 2 月	建设部《城市紫线管理办法》
浙江省地方性法规	
1988 年 11 月	《浙江省文物保护管理条例》
1999 年 7 月	《浙江省历史文化名城保护条例》
2004 年 2 月	《杭州市历史文化名城保护规划》
2004 年 5 月	《杭州市文物保护管理若干规定》
2005 年 1 月	《杭州市历史文化街区和历史建筑保护办法》

第一节　历史文化建筑保护和利用的法律法规保障

一、根据各级立法机关、政府的职能和权限，分层次立法

1. 法律，包括宪法、基本法律、专门法律和国际公约，由全国人民代表大会或其常务委员会和国务院公布施行或批准。全国人民代表大会 1982 年公布施行的《中华人民共和国宪法》第二十二条规定："国家保护名胜古迹、珍贵文物和其他重要历史文化遗产。"全国人民代表大会常务委员会 1982 年公布施行并于去年重新修订的《中华人民共和国文物保护法》，就是根据宪法的这一规定制定的。迄今为止，我国已经签署了保护世界遗产的全部国际公约。它们是：《保护世界文化与自然遗产公约》（全国人民代表大会常务委员会，1985 年 11 月）、《关于禁止和防止非法进出口文化财产和非法转让其所有权的方法的公约》（国务院，1989 年 9 月）、《国际统一私法协会关于被盗或者非法出口文物的公约》（国务院，1997 年 3 月）、《武装冲突情况下保护文化财产公约》（国务院，2000 年）。

2. 行政法规，由国务院和国家级行政机关制定和颁发的规范性文件。如《风景名胜区管理暂行条例》（国务院，1985 年 6 月 7 日）、《国务院关于进一步加强文物工作的通知》（1987 年 11 月 24 日）、《中华人民共和国水下文物保护管理条例》（国务院，1989 年 10 月 24 日）、《中华人民共和国考古涉外工作管理办法》（国务院批准，国家文物局，1991 年 2 月 22 日）、《中华人民共和国文物保护法实施细则》（国务院批准，国家文物局，1992 年 4 月 30 日）、《中华人民共和国文物保护法实施条例》（温家宝总理签署，2003 年 5 月 13 日）、《国务院关于加强和改善文物工作的通知》（国务院，1997 年 3 月 30 日）、《国务院办公厅关于西部大开发中加强文物保护和管理工作的通知》（2000 年 8 月 31 日）、《历史文化名城名镇名村保护条例》（国务院，2008 年 4 月 2 日）。

3. 地方性法规，由省、自治区、直辖市人民代表大会常务委员会根据国家法律结合本地实际情况制定、审议、颁布实施的规范性文件。全国各省、自治区、直辖市根据《中华人民共和国文物保护法》，都已制定颁布了相应的地方法规。目前，正在依据 2002 年文物法加紧重新修订。

4. 行政规章，由中央国家行政机关和地方国家行政机关制定颁发的位于法律、行政法规、地方法规之下的具有一定法律效力的规范性文件。它具有很强的针对性，比较详细具体，更加便于操作执行。如《田野考古工作规程（试行）》

历史文化名城名镇名村保护条例

第一章 总 则

第一条 为了加强历史文化名城、名镇、名村的保护与管理，继承中华民族优秀历史文化遗产，制定本条例。

第二条 历史文化名城、名镇、名村的申报、批准、规划、保护，适用本条例。

第三条 历史文化名城、名镇、名村的保护应当遵循科学规划、严格保护的原则，保持和延续其传统格局和历史风貌，维护历史文化遗产的真实性和完整性，继承和弘扬中华民族优秀传统文化，正确处理经济社会发展和历史文化遗产保护的关系。

第四条 国家对历史文化名城、名镇、名村的保护给予必要的资金支持。

历史文化名城、名镇、名村所在地的县级以上地方人民政府，根据本地实际情况安排保护资金，列入本级财政预算。

国家鼓励企业、事业单位、社会团体和个人参与历史文化名城、名镇、名村的保护。

第五条 国务院建设主管部门会同国务院文物主管部门负责全国历史文化名城、名镇、名村的保护和监督管理工作。

地方各级人民政府负责本行政区域历史文化名城、名镇、名村的保护和监督管理工作。

第六条 县级以上人民政府及其有关部门对在历史文化名城、名镇、名村保护工作中做出突出贡献的单位和个人，按照国家有关规定给予表彰和奖励。

第二章 申报与批准

第七条 具备下列条件的城市、镇、村庄，可以申报历史文化名城、名村：

（一）保存文物特别丰富；

（二）历史建筑集中成片；

（三）保留着传统格局和历史风貌；

（四）历史上曾经作为政治、经济、文化、交通中心或者军事要地，或者发生过重要历史事件，或者其传统产业、历史上建设的重大工程对本地区的发展产生过重要影响，或者能够集中反映本地区建筑的文化特色、民族特色。

申报历史文化名城的，在所申报的历史文化名城保护范围内还应当有2个以上的历史文化街区。

第八条 申报历史文化名城、名镇、名村，应当提交所申报的历史文化名城、名镇、名村的下列材料：

（一）历史沿革、地方特色和历史文化价值的说明；

（二）传统格局和历史风貌的现状；

（三）保护范围；

（四）不可移动文物、历史建筑、历史文化街区的清单；

（五）保护工作情况、保护目标和保护要求。

第九条 申报历史文化名城，由省、自治区、直辖市人民政府提出申请，经国务院建设主管部门会同国务院文物主管部门组织有关部门、专家进行论证，提出审查意见，报国务院批准公布。

申报历史文化名镇、名村，由所在地县级人民政府提出申请，经省、自治区、直辖市人民政府确定的保护主管部门会同同级文物主管部门组织有关部门、专家进行论证，提出审查意见，报省、自治区、直辖市人民政府批准公布。

第十条 对符合本条例第七条规定的条件而没有申报历史文化名城的城市，国务院建设主管部门会同国务院文物主管部门可以向该城市所在地的省、自治区人民政府提出申报建议；仍不申报的，可以直接向国务院提出确定该城市为历史文化名城的建议。

对符合本条例第七条规定的条件而没有申报历史文化名镇、名村的镇、村庄，经省、自治区、直辖市人民政府确定的保护主管部门会同同级文物主管部门可以向该镇、村庄所在地的县级人民政府提出申报建议；仍不申报的，可以直接向省、自治区、直辖市人民政府提出确定该镇、村庄为历史文化名镇、名村的建议。

第十一条 国务院建设主管部门会同国务院文物主管部门可以在已批准公布的历史文化名镇、名村中，严格按照国家有关评价标准，选择具有重大历史、艺术、科学价值的历史文化名镇、名村，经专家论证，确定为中国历史文化名镇、名村。

第十二条 已批准公布的历史文化名城、名镇、名村，因保护不力使其历史文化价值受到严重影响的，批准机关应当将其列入濒危名单，予以公布，并责成所在地城市、县人民政府限期采取补救措施，防止情况继续恶化，并完善保护制度，加强保护工作。

第三章 保护规划

第十三条 历史文化名城批准公布后，历史文化名城人民政府应当组织编制历史文化名城保护规划。

历史文化名镇、名村批准公布后，所在地县级人民政府应当组织编制历史文化名镇、名村保护规划。

保护规划应当自历史文化名城、名镇、名村批准公布之日起 1 年内编制完成。

第十四条 保护规划应当包括下列内容：

（一）保护原则、保护内容和保护范围；

（二）保护措施、开发强度和建设控制要求；

（三）传统格局和历史风貌保护要求；

（四）历史文化街区、名镇、名村的核心保护范围和建设控制地带；

（五）保护规划分期实施方案。

第十五条 历史文化名城、名镇保护规划的规划期限应当与城市、镇总体规划的规划期限相一致；历史文化名村保护规划的规划期限应当与村庄规划的规划期限相一致。

第十六条 保护规划报送审批前，保护规划的组织编制机关应当广泛征求有关部门、专家和公众的意见；必要时，可以举行听证。

保护规划报送审批文件中应当附具意见采纳情况及理由；经听证的，还应当附具听证笔录。

第十七条 保护规划由省、自治区、直辖市人民政府审批。

保护规划的组织编制机关应当将经依法批准的历史文化名城保护规划和中国历史文化名镇、名村保护规划，报国务院建设主管部门和国务院文物主管部门备案。

第十八条 保护规划的组织编制机关应当及时公布经依法批准的保护规划。

第十九条 经依法批准的保护规划，不得擅自修改；确需修改的，保护规划的组织编制机关应当向原审批机关提出专题报告，经同意后，方可编制修改方案。修改后的保护规划，应当按照原审批程序报送审批。

第二十条 国务院建设主管部门会同国务院文物主管部门应当加强对保护规划实施情况的监督检查。

县级以上地方人民政府应当加强对本行政区域保护规划实施情况的监督检查，并对历史文化名城、名镇、名村保护状况进行评估；对发现的问题，应当及时纠正、处理。

第四章　保护措施

第二十一条 历史文化名城、名镇、名村应当整体保护，保持传统格局、历史风貌和空间尺度，不得改变与其相互依存的自然景观和环境。

第二十二条 历史文化名城、名镇、名村所在地县级以上地方人民政府应当根据当地经济社会发展水平，按照保护规划，控制历史文化名城、名镇、名村的人口数量，改善历史文化名城、名镇、名村的基础设施、公共服务设施和居住环境。

第二十三条 在历史文化名城、名镇、名村保护范围内从事建设活动，应当符合保护规划的要求，不得损害历史文化遗产的真实性和完整性，不得对其传统格局和历史风貌构成破坏性影响。

第二十四条 在历史文化名城、名镇、名村保护范围内禁止进行下列活动：

（一）开山、采石、开矿等破坏传统格局和历史风貌的活动；

（二）占用保护规划确定保留的园林绿地、河湖水系、道路等；

（三）修建生产、储存爆炸性、易燃性、放射性、毒害性、腐蚀性物品的工厂、仓库等；

（四）在历史建筑上刻画、涂污。

第二十五条 在历史文化名城、名镇、名村保护范围内进行下列活动，应当保护其传统格局、历史风貌和历史建筑；制订保护方案，经城市、县人民政府城乡规划主管部门会同同级文物主管部门批准，并依照有关法律、法规的规定办理相关手续：

（一）改变园林绿地、河湖水系等自然状态的活动；

（二）在核心保护范围内进行影视摄制、举办大型群众性活动；

（三）其他影响传统格局、历史风貌或者历史建筑的活动。

第二十六条 历史文化街区、名镇、名村建设控制地带内的新建建筑物、构筑物，应当符合保护规划确定的建设控制要求。

第二十七条 对历史文化街区、名镇、名村核心保护范围内的建筑物、构筑物，应当区分不同情况，采取相应措施，实行分类保护。

历史文化街区、名镇、名村核心保护范围内的历史建筑，应当保持原有的高度、体量、外观形象及色彩等。

第二十八条 在历史文化街区、名镇、名村核心保护范围内，不得进行新建、扩建活动。但是，新建、扩建必要的基础设施和公共服务设施除外。

在历史文化街区、名镇、名村核心保护范围内，新建、扩建必要的基础设施和公共服务设施的，城市、县人民政府城乡规划主管部门核发建设工程规划许可证、乡村建设规划许可证前，应当征求同级文物主管部门的意见。

在历史文化街区、名镇、名村核心保护范围内，拆除历史建筑以外的建筑物、构筑物或者其他设施的，应当经城市、县人民政府城乡规划主管部门会同同级文物主管部门批准。

第二十九条 审批本条例第二十八条规定的建设活动，审批机关应当组织专家论证，并将审批事项予以公示，征求公众意见，告知利害关系人有要求举行听证的权利。公示时间不得少于 20 日。

利害关系人要求听证的，应当在公示期间提出，审批机关应当在公示期满后及时举行听证。

第三十条　城市、县人民政府应当在历史文化街区、名镇、名村核心保护范围的主要出入口设置标志牌。

任何单位和个人不得擅自设置、移动、涂改或者损毁标志牌。

第三十一条　历史文化街区、名镇、名村核心保护范围内的消防设施、消防通道，应当按照有关的消防技术标准和规范设置。确因历史文化街区、名镇、名村的保护需要，无法按照标准和规范设置的，由城市、县人民政府公安机关消防机构会同同级城乡规划主管部门制订相应的防火安全保障方案。

第三十二条　城市、县人民政府应当对历史建筑设置保护标志，建立历史建筑档案。

历史建筑档案应当包括下列内容：

（一）建筑艺术特征、历史特征、建设年代及稀有程度；

（二）建筑的有关技术资料；

（三）建筑的使用现状和权属变化情况；

（四）建筑的修缮、装饰装修过程中形成的文字、图纸、图片、影像等资料；

（五）建筑的测绘信息记录和相关资料。

第三十三条　历史建筑的所有权人应当按照保护规划的要求，负责历史建筑的维护和修缮。

县级以上地方人民政府可以从保护资金中对历史建筑的维护和修缮给予补助。

历史建筑有损毁危险，所有权人不具备维护和修缮能力的，当地人民政府应当采取措施进行保护。

任何单位或者个人不得损坏或者擅自迁移、拆除历史建筑。

第三十四条　建设工程选址，应当尽可能避开历史建筑；因特殊情况不能避开的，应当尽可能实施原址保护。

对历史建筑实施原址保护的，建设单位应当事先确定保护措施，报城市、县人民政府城乡规划主管部门会同同级文物主管部门批准。

因公共利益需要进行建设活动，对历史建筑无法实施原址保护、必须迁移异地保护或者拆除的，应当由城市、县人民政府城乡规划主管部门会同同级文物主管部门，报省、自治区、直辖市人民政府确定的保护主管部门会同同级文物主管部门批准。

本条规定的历史建筑原址保护、迁移、拆除所需费用，由建设单位列入建设工程预算。

第三十五条　对历史建筑进行外部修缮装饰、添加设施以及改变历史建筑的结构或者使用性质的，应当经城市、县人民政府城乡规划主管部门会同同级文物主管部门批准，并依照有关法律、法规的规定办理相关手续。

第三十六条　在历史文化名城、名镇、名村保护范围内涉及文物保护的，应当执行文物保护法律、法规的规定。

第五章　法律责任

第三十七条　违反本条例规定，国务院建设主管部门、国务院文物主管部门和县级以上地方人民政府及其有关主管部门的工作人员，不履行监督管理职责，发现违法行为不予查处或者有其他滥用职权、玩忽职守、徇私舞弊行为，构成犯罪的，依法追究刑事责任；尚不构成犯罪的，依法给予处分。

第三十八条　违反本条例规定，地方人民政府有下列行为之一的，由上级人民政府责令改正，对直接负责的主管人员和其他直接责任人员，依法给予处分：

（一）未组织编制保护规划的；

（二）未按照法定程序组织编制保护规划的；

（三）擅自修改保护规划的；

（四）未将批准的保护规划予以公布的。

第三十九条　违反本条例规定，省、自治区、直辖市人民政府确定的保护主管部门或者城市、县人民政府城乡规划主管部门，未按照保护规划的要求或者未按照法定程序履行本条例第二十五条、第二十八条、第三十四条、第三十五条规定的审批职责的，由本级人民政府或者上级人民政府有关部门责令改正，通报批评；对直接负责的主管人员和其他直接责任人员，依法给予处分。

第四十条　违反本条例规定，城市、县人民政府因保护不力，导致已批准公布的历史文化名城、名镇、名村被列入濒危名单的，由上级人民政府通报批评；对直接负责的主管人员和其他直接责任人员，依法给予处分。

第四十一条　违反本条例规定，在历史文化名城、名镇、名村保护范围内有下列行为之一的，由城市、县人民政府城乡规划主管部门责令停止违法行为、限期恢复原状或者采取其他补救措施；有违法所得的，没收违法所得；逾期不恢复原状或者不采取其他补救措施的，城乡规划主管部门可以指定有能力的单位代为恢复原状或者采取其他补救措施，所需费用由违法者承担；造成严重后果的，对单位并处 50 万元以上 100 万元以下的罚款，对个人并处 5 万元以上 10 万元以下的罚款；造成损失的，依法承担赔偿责任：

（一）开山、采石、开矿等破坏传统格局和历史风貌的；

（二）占用保护规划确定保留的园林绿地、河湖水系、道路等的；

（三）修建生产、储存爆炸性、易燃性、放射性、毒害性、腐蚀性物品的工厂、仓库等的。

第四十二条 违反本条例规定，在历史建筑上刻画、涂污的，由城市、县人民政府城乡规划主管部门责令恢复原状或者采取其他补救措施，处 50 元的罚款。

第四十三条 违反本条例规定，未经城乡规划主管部门会同同级文物主管部门批准，有下列行为之一的，由城市、县人民政府城乡规划主管部门责令停止违法行为、限期恢复原状或者采取其他补救措施；有违法所得的，没收违法所得；逾期不恢复原状或者不采取其他补救措施的，城乡规划主管部门可以指定有能力的单位代为恢复原状或者采取其他补救措施，所需费用由违法者承担；造成严重后果的，对单位并处 5 万元以上 10 万元以下的罚款，对个人并处 1 万元以上 5 万元以下的罚款；造成损失的，依法承担赔偿责任：

（一）改变园林绿地、河湖水系等自然状态的；

（二）进行影视摄制、举办大型群众性活动的；

（三）拆除历史建筑以外的建筑物、构筑物或者其他设施的；

（四）对历史建筑进行外部修缮装饰、添加设施以及改变历史建筑的结构或者使用性质的；

（五）其他影响传统格局、历史风貌或者历史建筑的。

有关单位或者个人经批准进行上述活动，但是在活动过程中对传统格局、历史风貌或者历史建筑构成破坏性影响的，依照本条第一款规定予以处罚。

第四十四条 违反本条例规定，损坏或者擅自迁移、拆除历史建筑的，由城市、县人民政府城乡规划主管部门责令停止违法行为、限期恢复原状或者采取其他补救措施；有违法所得的，没收违法所得；逾期不恢复原状或者不采取其他补救措施的，城乡规划主管部门可以指定有能力的单位代为恢复原状或者采取其他补救措施，所需费用由违法者承担；造成严重后果的，对单位并处 20 万元以上 50 万元以下的罚款，对个人并处 10 万元以上 20 万元以下的罚款；造成损失的，依法承担赔偿责任。

第四十五条 违反本条例规定，擅自设置、移动、涂改或者损毁历史文化街区、名镇、名村标志牌的，由城市、县人民政府城乡规划主管部门责令限期改正；逾期不改正的，对单位处 1 万元以上 5 万元以下的罚款，对个人处 1000 元以上 1 万元以下的罚款。

第四十六条 违反本条例规定，对历史文化名城、名镇、名村中的文物造成损毁的，依照文物保护法律、法规的规定给予处罚；构成犯罪的，依法追究刑事责任。

第六章 附 则

第四十七条 本条例下列用语的含义：

（一）历史建筑，是指经城市、县人民政府确定公布的具有一定保护价值，能够反映历史风貌和地方特色，未公布为文物保护单位，也未登记为不可移动文物的建筑物、构筑物。

（二）历史文化街区，是指经省、自治区、直辖市人民政府核定公布的保存文物特别丰富、历史建筑集中成片、能够较完整和真实地体现传统格局和历史风貌，并具有一定规模的区域。

历史文化街区保护的具体实施办法，由国务院建设主管部门会同国务院文物主管部门制定。

第四十八条　本条例自 2008 年 7 月 1 日起施行。

（文化部，1984 年 5 月 10 日），《博物馆藏品管理办法》、（文化部，1986 年 6 月 19 日）、《文物藏品定级标准》（文化部，1987 年 2 月 3 日）、《文物保护工程管理办法》（文化部，2003 年 3 月 17 日）、《文物保护工程勘察设计资质管理办法（试行）》和《文物保护工程施工资质管理办法（试行）》（国家文物局，2003 年 6 月 11 日）、《文物出境鉴定管理办法》（文化部，1989 年 2 月 27 日）、《河南省人民政府关于加强经济开发区文物保护工作的通知》（1992 年 12 月 14 日）、《北京市周口店北京猿人遗址保护管理办法》（北京市人民政府，1989 年）、《中国文物古迹保护准则》（国际古迹遗址理事会中国国家委员会，2000 年 10 月）。《中国文物古迹保护准则》是中国国家文物局、美国盖蒂研究所和澳大利亚遗产委员会三方专家，自 1997 年开始历经三年辛勤努力的智慧结晶。它总结中国文物保护取得的成功经验，借鉴《巴拉宪章》等国际文物保护的先进理念和做法，已经成为指导中国文物保护的行业规则。

5. 同国家其他相关法律、法规有机衔接和相互配套，建立法律支撑体系。《中华人民共和国宪法》规定，保护文化遗产是国家、全社会和每个公民的共同义务。从立法角度看，中国保护文化遗产的法律、法规比较健全完备，除了文物法，还相继出台了与之相关的其他法律、法规。《中华人民共和国矿产资源法》规定，非经国务院授权的有关土管部门同意，不得在"国家重点保护的不能移动的历史文物和名胜古迹所在地，开采矿产资源"；"勘察、开采矿产资源时，发现具有重大科学文化价值的罕见地质现象以及文化古迹，应当加以保护并及时报告有关部门"。《中华人民共和国海关法》将"运输、携带、邮寄国家禁止出口的文物出境的"行为定为走私罪。《中华人民共和国城乡规划法》规定，编制城市规划应当注意"保护历史文化遗产、城市传统风貌、地方特色和自然景观"。城市新区开发"应当避开地下矿藏、地下文物古迹"。《中华人民共和国环境保护法》规定,对"人文遗迹、古树名木,应当采取措施加以保护,严禁破坏"。《中华人民共和国军事设施保护法》规定,"军事禁区、军事管理区的管理单位应当依照有关法律的规定,保护军事禁区、军事管理区内的自然资源和文物"。《中华人民共和国刑法》在第六章"妨害社会管理秩序罪"下专门列了一节"妨害文物管理罪",对违犯文物法的行为制定了明确的量刑标准,按情节轻重可以判处有期徒刑、无期徒刑,直至死刑。

二、相关法律法规存在的问题

1. 有些条款界限不清。由于法律法规是在不同的时期出台,制定的背景不同,认识不同,存在判断界限不清、前后自相矛盾的状况。另外,对形势发展的适应性、前瞻性也较差。

2. 有些规章缺乏统一标准。由于法律法规是由不同部门制定的,或者是一部大法肢解成各部门法,因此存在缺漏,缺乏统一标准和综合指导功能。

3. 依法行政中处罚力度不够大。全民保护历史文化遗产意识薄弱且落后,特别是政府相关领导认识不到位,太注重眼前短期的经济效益以及自身的功绩,违规现象时有发生。一旦违规,真正处罚的很少或很轻,甚至置若罔闻,处罚力度不够大。法制队伍也不够健全,整体缺乏法治环境。

4. 历史文化名城保护的法律法规体系不健全。历史文化建筑选定的标准不够全面,保护内容不够完善。历史文化建筑保护和利用手段单一,指导原则过于笼统,以消极静态的保护为主,缺乏具体可操作的法规,建设性破坏严重。对历史文化街区的保护力度小,旧城改造大拆大建时有发生,热衷于在古城内做"假古董",城市"失忆"状况严重。

三、相应的措施

1. 抓紧立法工作,使历史文化名城与历史文化建筑的保护工作有法可依。通过制定法规,明确保护的基本原则,明确历史文化名城、历史文化街区、历史文化建筑和村镇应保护的主要内容,保护规划编制与审批的基本程序和建设管理规定,保护工作的监督检查与法律责任等。要积极导入文物登录制度。通过对文化遗产的广泛调查,列入清单进行登录,编制出存在于我们周围环境中的文化遗产目录,包括近代工厂、桥梁、水闸等土木遗产以及过去不曾引起人们注意的日常生活中的小品构件。已登录的文化遗产,在其将要被拆除或被毁坏之前，必须向有关部门申报，这样国家或地方政府可以采取相应的保护措施，以避免出现在近代建筑拆除规划已定，或正在拆除之际方才知晓的情况。

2. 在坚持依法行政的原则下，加强名城与历史文化建筑保护工作重要性的宣传与对有关人员的培训。通过培训，提高领导及专业人员对保护工作重要性的认识，并掌握历史文化名城与历史文化建筑保护的正确方法，把握历史文化名城保护的共同趋势：一是保护对象：重要→一般，物质形态→非物质形态；二是保护范围：从单一作品→周边环境及环境中的各组成元素；三是保护深度：从物质环境（单体）→人文环境（综合性）；四是保护方法：从单一学科、专家→多学科交叉、社会公众共同参与（包括民间社团）、多部门的协作（建筑、规划、环保、文物、园林、旅游、公安等）。

3. 各地要结合本地实际情况，制定历史文化名城与历史文化建筑保护的相关规定和政策措施。加强全国历史文化名镇（名村）保护工作，更大范围地保护好历史文化遗产。要使那些传统风貌完整、民族风情独特、地方特色突出的具有较高历史、艺术和科学价值的村镇，通过完善规划、制定相应的保护规定，采取妥善的保护措施得以保护。

4. 充分发挥国家对历史文化名城与历史文化建筑保护的监督职能，尝试建立国家监督员制度。国家监督员应对国家有关历史文化名城与历史文化建筑保护的方针政策了解充分，对历史文化遗产保护的技术方法理解透彻的，具有高级职称的规划、建筑设计及文物保护等有关的专门技术管理人员，并经过国家有关部门的资格认定。各省监督员的主要职责为：负责监督本省内国家历史文化名城与历史文化建筑保护工作状况；负责跟踪文物保护单位的保护范围及建设控制地带、历史文化保护区及城市敏感地区的建设活动，确保各项建设符合历史文化名城保护规划的保护要求；协助历史文化名城与历史文化建筑保护主管部门组织有关保护项目及建设项目的审查；结合本地的实际情况，对历史文化名城与历史文化建筑保护的有关政策进行研究；听取本地区公众对历史文化名城与历史文化建筑保护工作的建议等。监督员应每年将本地历史文化名城与历史文化建筑保护工作状况向国家行政主管部门报告。

5. 在城市规划和管理工作中，进一步重视历史文化名城与历史文化建筑保护的相关内容。根据《国务院关于加强城乡规划监督管理的通知》的有关要求，住房和城乡建设部、中央编办、国家计委、财政部、文化部、国家文物局等九部委下发了《关于贯彻落实〈国务院关于加强城乡规划监督管理的通知〉的通知》，特别强调了历史文化名城保护规划应保护的重点，包括历史文化街区、文物保护单位（包括历史文化建筑）和重要的地下文物埋藏区的范围和建设控制地带，特别对历史文化街区提出了保护要求。住建部还印发了《城市规划强制性内容暂行规定》的通知，明确了有关文化遗产保护的相关内容，从规划上对应保护的内容作明确的规定，为规划的实施和监督提供了依据。

6. 对历史文化名城的称号实行动态管理。对于那些未尽到保护责任、保护状况不佳、已丧失历史文化价值和风貌的城市，建议由国务院或责成名城主管部门取消其名城称号，并追究有关人员的责任。

7. 大力提倡全民参与意识，主动征询公众意见。专家与公众协作不仅有助于发掘保护区的物质、精神内涵，而且减少了中间环节，取得的效益也会更好。

四、国外在历史文化遗产保护领域的部分法律法规

1. 法国。1840 年梅里美《历史性建筑法案》，1887 年《纪念物保护法》，1913 年《历史古迹法》，1930 年《景观保护法》，1962 年《马尔罗法》（即《历史街区保护法》），1977 年《古城保护规划》。

2. 英国。1882 年《历史纪念物保护法》，1890 年《古迹保护法修正案》，1913 年《古建筑加固和改善法》，1931 年《古建筑加固和改善法修正案》，1933 年《城市环境法》，1944 年《城乡规划法》，1953 年《历史建筑与古纪念物法》，1962 年《城市生活环境质量法》、《地方政府古建筑法》，1962 年《城市文明法》，1968 年《城乡规划法修正案》，1969 年《住宅法》，1972 年《城乡规划法修正案》，1974 年《城市文明法修正案》，1990 年《登录建筑和保护区规划法》。

3. 日本。1897 年《古社寺保护法》，1919 年《古迹名胜天然纪念物保护法》，1929 年《国宝保护法》，1950 年《文化财保护法》，1966 年《古都保护法》，1975 年《文物保护法修正案》，1980 年《城市规划法修正案》及《建筑基准法修正案》。

4. 美国。1906 年《古物保护法》，1935 年《历史地段与历史建筑法》，1966 年《国家历史保护法》。

5. 国际组织。1933 年《雅典宪章》（CIAM），1964 年《威尼斯宪章》，1972 年《世界文化遗产公约》，1976 年《关于历史地区的保护及其当代作用的建议》（即《内罗毕建议》），1977 年《马丘比丘宪章》，1987 年《保护历史城镇与城区宪章》（即《华盛顿宪章》），1987 年《世界文化遗产公约实施指南》，1999 年《关于乡土建筑遗产的宪章》。

各个国家及国际组织的法律法规有其自身的特点，又有其共同的地方，值得相互借鉴和比较。相互的学习和交流有助于把我们的历史文化建筑的保护工作推向一个新的阶段，取得新的成果。

五、各个国家历史文物遗产保护法规的基本评价

（一）保护上的一致性。

1. 保护内容。物质形态和精神形态。前者着重于实体方面形成的要素，其中还包括历史文化名城周围的环境，保护各种类型的有历史、文化、价值、年代的建筑物、美术工艺品和一些登录建筑、保护区和历史名城。后者是指人们在物质生活的劳动中所产生的精神产品，没有具体的形象，但对于社会文明的发展举足轻重，包括历史文化名城内的风俗习惯、生活方式、文化观念、传统工艺、民间工艺、民俗精华、传统产业、民间节日和历史发展中形成的语言、文字等。这些历代流传下来的精神财富既是城市文化建设的重要内容，也是对外交流、促进城市经济与文明发展的重要因素。董鉴泓、阮仪三教授认为历史文化名城保护应包括：城市所根植的自然环境；城市独特的形态；文物古迹点；非物质形态的语言文字、城市生活方式和文化观念所形成的精神文化面貌以及社会群体、政治形成和经济结构所产生的生态结构等。

2. 保护原则。《雅典宪章》表明，"有历史价值的建筑均应妥为保存，不可加以破坏"。根据这一原则，中国、日本和英国的历史文化名城保护原则可概括为：不仅仅是保护城内文物古迹，还要包括历史延续下来的文化、传统、城市格局和风貌的保护；保护要与现代城市建设相配合，以免其失去社会经济活力；在保护原有的历史文化风貌的前提下，人文资源可以合理开发与利用。

3. 保护制度。登录制度是欧美等西方发达国家共同采用的有效保护方法。联合国教科文组织对"世界文化和自然遗产"也是采用登录制度。

选为法定保护的"有特殊建筑艺术价值或历史价值，其特征和面貌值得保存的建筑物"称之为登录建筑，其包括建筑物、构筑物及其他环境构件。在英国，地方规划部门、公共团体、历史保护机构和一般居民均可对登录建筑的保护发表意见，为防止登录建筑遭到任何形式的破坏而建立了有效的、无形的"保护圈"。此外，还有以登录建筑为核心的保护区制度，对历史建筑群、公共空间、历史街区和村落等进行保护。登录的过程一般先由建筑史方面的专家到现场对候选建筑进行调查，将认定达到登录标准的建筑列入"临时清单"公开发表，听取地方政府、保护团体以及一般市民的意见。若无异议，则由国家遗产部（DNH）正式认定后，将通知文书下达到地方政府，再由地方政府通知建筑

所有者或使用者。美国 1966 年制定《国家历史保护法》。国家公园局负责对文物古迹进行登录，登录文物是指对各地方政府、州政府或联邦政府而言具有历史意义和文化价值的历史性场所。通过国家登录，唤起全民的关心，也促使联邦政府在地区开发、公用事业建设时，对历史环境的保护更加关注。1996 年 6 月，日本对《文化财 ❶ 保护法》进行了修订，同年 10 月 1 日起施行。这次修改最重要的一点就是导入了在欧美广泛应用的"登录制度"，它是日本文化财保护的最新动向，也是近现代建筑、近代土木遗产保护利用的重大举措。文化财登录制度大大拓展了文化遗产保护的范围。作为保护对象的建造物也从寺院、神社等宗教建筑扩大到民居、近代建筑、近代土木遗产、产业遗址等多种类型，并将过去的遗产与日常生活靠得更近，将文化遗产与现代生活相联系，对防止建设性破坏、开发性破坏，保护城市特色和个性的延续、历史环境的复苏，建设高文化品位的城市、安静宜人的家园有特别的意义。

（二）制度上的差异性。

1. 行政管理制度方面的差异。中国的历史文化名城分两个等级，即国家级和省级。行政管理也实行国家及地方两级管理。住房和城乡建设部、国家文物局共同负责全国历史文化名城的保护、监督及管理工作；地方一级的名城保护及管理由地方城建或规划管理部门、地方文物、文化主管部门共同承担，也有的地方设立专门的名城保护机构。

日本的行政管理机构体系为阶梯型结构，根据法律实施管理和执行各种行政事务。与其历史文化遗产保护密切相关的行政管理主要由文物保护行政管理部门和城市规划行政管理部门两个相对独立、平行的组织机构负责。与文物保护直接相关的事务归国家文部省文化厅，与城市规划相关的事务归国家建设省城市局。为了给政府决策提供高层次的参谋，使行政与学术有效地结合起来，地方政府机构中还设立法定的常设咨询机构——审议会，其作用是提供技术与监督。

英国实行中央及地方两级管理体系。国家环境保护部是英国历史文化遗产保护的国家级行政机关，而有关法规、政策的实施以及就保护问题向国家、地方和公众提供咨询与建议，由英国国家遗产委员会等国家组织机构和英国建筑学会等法定监督咨询机构负责。地方规划部门及保护官员负责落实保护法规和

---

❶ 文化财，相当于我国的文物，但含义更广。分为有形文化财、无形文化财、民俗文化财、纪念物和传统的建造物群等五大类。《文化财保护法》为 1950 年颁布施行的日本文化财保护的根本大法。

处理日常管理工作。中央和地方两级组织形式的保护网络主要是处理遗产保护中的突出问题。任何可能毁坏历史遗产的申请事件都必须通过国务大臣的最后把关。古城保护通过这些法律程序得以贯彻执行，使古建筑及保护区的拆除、改建项目的批准显得非常慎重。现在，英国已经逐步建立起由选定制度、建筑管理制度、保护官员制度、公众参与制度等多种构成的完善的保护管理体系。

2. 法律制度方面的差异。中国关于历史文化名城的保护立法是以地方法规的制定为先导的，还有国家颁布的与名城保护规划编制办法及审批程序有关文件，但历史文化保护区的保护立法体系尚未形成。中国大多数历史文化名城根据自身的需要而制定的各种类型的、针对不同保护对象的保护管理法规及政策性文件（规章），根据内容对象可粗略分为三个层次：一是关于历史文化名城及其整体空间环境法规及管理规定；二是关于名城特殊区域或历史文化保护区保护法规及管理规定；三是关于文物保护单位及其他单项保护法规及管理规定。历史文化遗产保护制度在现有的法律框架中主要可以分为两个部分，其一为全国性保护法律、法规及法规性文件；其二为地方性法规及法规性文件。依照内容分为文物保护、历史文化区保护、历史文化名城保护或二者、三者兼容的法律法规。国家颁布的有关文物保护的内容最为全面，文件数量最多，法律结构也最完善，而有关名城及保护区的目前仅有很少的法规性文件。相对来说，地方性法规文件中与名城保护直接相关的数量较多，可弥补国家相关法规的不足。

日本从 1897 年的《古神社、寺庙保存法》《古神社、寺庙保护法施行细法》开始至 1966 年制定的《古都历史风土保存特别措施法》，明确规定保护对象为保护区，其中对历史文化名城的保护作了相关规定，这为日本在历史文化遗产保护方面积累了丰富的经验。在 1975 年修改的《文物保护法》公布了国家级保护区 25 处，1980 年制定的《城市规划法》及《建筑基准法》提出"地区规划"的整顿政策，把区域性历史环境保护作为城市规划的一部分。除国家法制外，地方自治体的议会可以在法律允许的范围内独自规定地方性法规，使其保护制度构成一个多层次、多结构的法律体系。

英国自 1882 年颁布古建筑保护的第一部法律《古迹保护法》至今，经过100 多年制度的完善和发展，现已制定了几十种相关法规和条款，其受保护的内容也由石头遗址扩大到古建筑、保护区及自然与人类的环境。1967 年颁布的《城市文明法》划定了具有特别建筑和历史意义的保护区，首次在法律中确立了保护区的概念，历史古城可被当做特殊的保护区。1969 年颁布的《住宅法》正式确定巴斯等 4 座古城为重点保护城市，但英国至今未将历史古城作为独立

英、美、日三国对历史建筑的登录制度的比较　　　　　　　　表 3-2

项　　目	英　　国	美　　国	日　　本
名　　称	登录建筑	历史性场所的国家登录	登录有形文化财
管理部门	环境部、国家遗产部	国家公园局	文部省文化厅
类　　别	建筑物、构筑物等	地段、史迹、建筑物、构筑物、物件	建筑物、构筑物
分　　级	Ⅰ、Ⅱ*、Ⅱ三级	指各阶段考虑国家、州、地方三级价值	无
建筑年限	10 年以上（1988 年起执行）	一般 50 年以上	50 年以上
约　束　力	许可制度，Ⅰ、Ⅱ*级国家统一管理，Ⅱ级地方政府负责	审议制度	许可制度
所有者意见	不需要听取	1980 年前的不要，以后的需要	需要听取
税制优惠政策	没有	1976～1986 年非常多，以后逐渐减少	减免部分地价税和固定资产税
补　助　金	较多	较少	较少
登录总数（件）	441118（1993 年，英格兰地区）	约 552000（1994 年）	298（1997 年，不含指定文化财 22144）
法律依据	《规划（登录建筑和保护区）法》	《国家历史保护法》	《文化财保护法》

的保护对象进行立法保护。表 3-2 为英、美、日三国对历史建筑的登录制度的比较。

3. 资金保障制度方面的差异。中国历史文化名城的保护资金来源，在国家的财政预算中并没有设立固定专用经费，而是由各个城市根据自己的情况进行资助。主要的方式有：国家为迁移出保护区的对景观有损害或污染的工厂提供必要的土地；结合旧城改造，在地区建设过程中划出专项费用用于地区保护；对于提供旅游观光事业的历史文化遗产及环境，地方政府从其旅游事业收入中提取相应的经费及补助等。国家及地方财政所能给予的保护资金是很有限的，历史文化名城的保护长期存在资金匮乏问题。另外，地方政府也利用有偿使用制度的方式为名城保护及建设提供多渠道、多层次的资金筹集及利用方法，用以弥补政府财政上对于保护事业投资的不足。总的说来，目前中国名城保护资金无论是从筹集、分配还是运作的方面来看，都是十分薄弱和不成体系的，所以相关制度的形成和完善还有很长的路要走。

日本保护经费来源是以补助金、贷款和公用事业费为主，拨款多少一般根据被保护对象的重要性及实际需要来决定。日本文化厅的财政拨款主要用于文物保护和文化活动及其设施建设两个方面。此外，保护费用还可以根据担保贷款的形式由银行提供，并可向地方政府申请利息补助。"历史文化城镇保护奖券"或"文物保护奖券"是另一种保护资金筹措方式，其收益用于保护事业上，在发行前需要获得国家的许可。由于日本的保护事业多种多样，因此保护资金的筹措和使用分配方式，一般由当地居民参加的财团等组织出面管理并决定其用途。这种由各地区居民亲自经营的种种便民设施，通过公众参与制使整个地区的保护事业获得保证，而且因为资金的申请者和使用者合二为一，使资金能获得最有效的分配和运用。

英国保护资金保障制度是由国家和地方政府提供的财政专项拨款和贷款，是保护资金最重要的来源。国家和地方政府资金分担的份额，也视重要程度而有所不同：重要的宫殿府邸，保护维修费用由国家全部支付；对于著名的保护区，绝大部分由国家和地方政府共同承担。另外，对于损坏、破坏文物建筑的行为处罚的罚金，以及社会团体、慈善机构和个人的捐款也是保护资金的来源。总的来说，英国政府为历史遗产保护所提供的资金数额是相当大的。保护资金的投入与运转，往往是由政府授权的有关机构负责运作的，如古建筑委员会、英国文化遗产协会等；或由地方政府任命专家小组来组织保护工作，合理规划和使用这些资金。

（三）制度评价。

表 3-3 为中、日、英三国对历史文化建筑保护的法律法规制度的比较。

中、日、英三国历史文化建筑保护的法律法规制比较　　　　　表 3-3

国家		历史文化名城 保护制度、资金保护制度	法律制度	行政管理制度
中国	优点	地方性法规实施有利于资金保护的实施强度，文物保护单位自筹资金用于文物保护	国家有专项的法律法规，地方根据自身特点制定了更详尽的保护条例	由住建部和文化局的下属机构共同负责，增强他们的合作性
	缺点	1.国家很少拨款给有关地方，会增加地方财政上的压力。 2.应该提高人民群众对文物的保护和参与意识	国家对于颁布的法律法规应增强其框架的完善性	1.中央到县市的管理单位过于复杂。 2.行政管理职能不够明确

国家		历史文化名城 保护制度、资金保护制度	法律制度	行政管理制度
日本	优点	1.受到国家的重点拨款资助，并且银行有相关的贷款措施给予帮助。 2.资金筹措和使用分配方式根据实际情况由当地居民共同协商解决。 3.在税收方面给予相关的优惠政策	法律体系是根据宪法所制定，法律条文严格执行，且在不同阶段检讨和改善原有的内容	1.设有最高的行政管理机构，通过它来对下级进行直接的指导。 2.保护范围职责明确，保护的咨询得到不同专家的建议，有利于研究工作的开展
	缺点	当地居民不一定在相关保护方面有很强的认识，对资金的运用可能不恰当	中央集权会产生独裁的局面，致使条文的产生并没有真正的公平性	建设省和文化厅相对独立且平行，工作范围难免发生冲突，需要相互协调
英国	优点	1.国家严格监督资金，专款专用。 2.资金来源由国家和地方共同负担。 3.利用罚金作为资金保护的来源	1.文化遗产保护的推动来自于民间，促进法律法规的产生。 2.法规条文细致，对不同的保护对象都有相应的依据	行政管理机构主线清晰，职责明确，下级不能决策的问题必由上级部门解决，不会出现混乱和扯皮的局面
	缺点	—	太多民间组织介入，各民间组织反馈的意见有所不同，虽能为立法带来有利凭据，但也带来很强的片面性	管理程序繁琐，使一些有价值的历史建筑不能得到及时保护和修缮

第二节 历史文化建筑保护和利用的组织保障

一、组织保障体系实施管理的机构等级

领导机构的框架：实行中央与地方二级管理制度，其次序依次为：

中华人民共和国住房和城乡建设部

中华人民共和国国家文物局

各省住房和城乡建设厅

各省文物局

各市规划局

各市园林文物局

各县（市）建设局（规划局）

各县（市）文物局（处）（文管会）

各乡、镇人民政府（文化站、文保员）

二、机构审批权限及职责

各级人民政府负责保护本行政区域内的历史文化名城、历史文化保护区，并把保护工作纳入国民经济和社会发展计划。根据《浙江省历史文化名城保护条例》第五条规定：城市规划行政主管部门和文物行政主管部门依据各自职责，负责历史文化名城、历史文化保护区的保护、管理和监督工作。城市规划行政主管部门会同文物行政主管部门负责历史文化名城、历史文化保护区保护规划制定、审查、实施的具体工作；文物行政主管部门会同城市规划行政主管部门负责历史文化名城、历史文化保护区申报、评审的具体工作。建设、计划、土地、财政、环境保护、旅游、水利、交通、公安等部门，依据各自职责，共同做好历史文化名城、历史文化保护区的保护工作。

三、执法和社会团体参与

1. 设立文物警察，提高国家文物局独立执法力度的可能性。对重大的保护工作成立专门委员会作为最后决策的机构，协调各部门的工作，防止相互扯皮与推诿。法律规定了文物管理部门保护文物的责任，但没有赋予文物管理部门必要的管理和执法手段，这不利于文物保护事业的发展。

2. 发挥专业团体的作用。如建筑师协会、工程师协会、规划师协会、考古师协会等，使协会成员担负起建筑遗产保护义务。要进一步发挥专家咨询机构的作用，加强对历史文化遗产保护的执法监督和技术咨询，把专家咨询建议正式纳入历史文化遗产保护管理的政府工作范畴。对高质量完成历史文化遗产保护的有功之士应设立国家级的年度奖，给予应有的、必要的表彰。

3. 制定《社区遗产保护公众指导手册》。重视社区价值，倡导社区参与，使社区视遗产保护为保存其

"空间感"的一个重要部分。在拯救建筑单体的同时，保护活动必须协助社区维护其独立性。

第三节　历史文化建筑保护和利用的其他保障

一、资金的筹措与管理

资金是保护和利用的命脉，资金的投入需要建立多渠道、多层次的融资途径。不仅要依靠各级政府的固定拨款，还要依靠开发者、企业与个人的投入。

1. 从保护和利用的受益项目收入中提取一定比例的资金，如旅游、商业、餐饮等的税收。如：杭州市着力打造"东方休闲之都"品牌。2004 年完成了"北山街历史文化街区保护"一期、"杨公堤景区"二期、"龙井茶文化休闲旅游景区"和"梅家坞茶文化村"二期工程，新增 15 个西湖新景区并实现全部免费开放，全年旅游产业多项指标创历史纪录，旅游总收入为 410.7 亿元，比上年增加 84.7 亿元。由此还带动了其他产业的发展。世界银行评定杭州为"中国城市总体投资环境最佳城市"第一名；《福布斯》将杭州列入"2004 年度中国内地最佳商业城市"，排行第一；《瞭望》东方周刊把杭州评为最具幸福感的城市。这一切将大大推动杭州历史文化名城的各项保护工作，资金问题可以得到有效的重视和部分解决。

2. 中央政府可制定相应的管理、优惠、奖励、服务等办法为资金提供新的途径。包括对外引资、鼓励私人机构参与保护工作等；对于需要重修和翻新的有价值的历史建筑，可通过借贷或补助的方式给予支持。

3. 设立国家级的历史文化名城保护专项资金，省、市（县）设立相应的资金渠道，用于历史文化街区的保护。建立资金制度，制定相应的管理规定与程序，合理协调与规范资金补助资格、申请程序、补助额度等相关内容，保证资金的及时分发与合理运转。

二、实施领域专业技术人才的培养与准入

我国保护工程从业人员数量明显偏少，正规专业培训的专职人员更少，工作任务繁重，我国文物保护工程从业人员中的很多人处于超负荷工

作状态，也没有条件接受系统的教育培训。不仅专业技术知识老化，而且在文物保护意识、理念等方面也跟不上时代发展的步伐。缺乏对传统工艺技术和新技术进行研究的人才，亦是文物保护维修工作中存在的问题。设立领域的技术人才准入制度。加强从业队伍和人员管理，工作重点是进一步完善相关制度，特别是从业资格管理制度，加强资质授予，特别是年检、注册、资质升降级等管理工作，以造就一大批既有扎实的专业知识和丰富经验、又有正确意识的保护管理技术人才，以建立一支高水平的历史文化保护

前童古镇

工程专业队伍。应通过较多大专院校设立相关专业，鼓励政策导向吸引人才加入。积极与大学联合举办各类培训班、与国外大学和专业机构合作选派专业人员深造等多种方式，针对不同对象培养、培训工程管理和技术人才。

三、民间组织的建立

组织爱好文物保护工作的热心人士积极参与历史文化遗产、建筑的保护，成立协会或俱乐部，请专家定期开展讲座和其他活动。民间组织的建立是普及文物保护知识，教育民众的良好途径；是建立公众参与机制，强化保护监督环节的有效手段；是相互交流信息，探讨问题解决的好方式；也是政府咨询和听取群众意见的好渠道。同时，公众参与也是建立良好监督机制的重要环节。此外，社会舆论的宣传也是传播文物保护知识、加强社会舆论监督的好方式。

城市边缘地带
历史文化建筑的保护和利用

第四章

历史文化建筑空间
形态保护和利用

第一节　城市边缘地带历史文化建筑的空间形态

在城市规划设计中，城市边缘地带的空间形态既要考虑城市本身发展的要求，也应考虑传统文化建筑保护和利用的要求，把两者结合起来，互相促进，相互融合。城市边缘地带在城市的近期与远期规划中，其空间形态有可能出现三种情况。

1. "城中村（或街）"。适用于城市规模扩展较快，而所在地传统文化建筑相对比较集中的情况，在这种空间形态的规划设计中，特别应注意的：一是建筑的村落或街道应尽可能保持完整，维修与改建均不得破坏原来的风貌；二是妥善安排这个地带的用途，应尽可能与原用途接近，或者将其辟为游览、休闲或科普活动场地；三是妥善安排"城中村（街）"的居民生活，在不改变古建风貌的前提下增加现代化生活设施，考虑好居民的就业、子女入学等问题，严格控制其人口规模；四是考虑该地段的环境容量，不能搞过量开发，必要时可在其附近分辟缓冲地带，如集散广场、停车场、集市等；五是处理好"城中村（街）"周围建筑的关系。应在该地段主要区域设置，否则不符合现代生活的冲击力原则，如视线控制、噪声控制等。"城中村（街）"与其他新建街区之间宜用河流、山峦、绿化等隔开或者设置建筑风格的协调过渡带。

2. 城市新区。适用于城市规模扩展很快，而所在地基本没有价值很高的传统文化建筑的情况。如果有个别古建筑物、有保留价值的古建筑物配件，可

酌情拆迁或移入馆藏。

3. 城市文明区。适用于城市规模相对稳定，而传统文化建筑零星分散的情况。在这种情况下，由于建筑密度小，对使用较多的文化建筑的保护和利用是比较有利的。在规划时，应妥善安排这个地段的性质，一般来说，宜安排游览区、文教区、科研活动区、高级住宅区等，而不宜安排工业区、仓储区、交通枢纽等。

第二节 国外城市边缘地带历史文化建筑保护和利用经验

国外对于城市边缘地带历史文化建筑的保护和利用基本上都有各自成熟的一个系统做法。有比较完善的管理机构，有相对稳定的国家拨款，有合作的文保意识，有一定的专业人员。

一、埃及经验：对于城市边缘地带历史文化建筑进行定责

埃及是著称于世的文明古国，也是一个文物大国，丰富的文物古迹资源成为其旅游业发展的主要依托，而旅游业又是支撑埃及国家经济的三大命脉之一，因此，埃及政府非常重视文物古迹的维修和保护。

埃及的文物管理最高机构是埃及文物委员会（Egypt Antiquities Organization, EAO）。在埃及文物委员会下又设埃及文物保护机构，这个机构具体负责全国的文物保护工作。除了负责各博物馆、文物古迹、考古遗址的文物保护科研工作及项目审批以外，直接归属于埃及文保机构领导的还有一个文物保护研究中心。文物保护研究中心设于埃及国家博物馆内，有专门的研究室和实验室，专职人员 20 名，主要侧重于古埃及纸草画的保护。但是，目前该研究中心因设备简陋，仅能作些简单的材料应用及其工艺的研究。埃及政府计划在此中心的基础上，用两年时间建成一个装备先进的"国家文物保护中心实验室"。

文物保护的研究经费主要靠国家拨款，而这些拨款实际上是"羊毛出在羊身上"。埃及的旅游主要是文物旅游，因此政府规定旅游景点门票收入的 90%上缴国家，并由国家财政部门返还给文物部门，用于文物考古和保护事业。据官方人士称，各博物馆每年用于文物保护方面的经费预算基本都能得到满足。

埃及的文物遗迹是按古埃及文化、伊斯兰文化和科普特文化三大类型划分的。每年国家仅用于古伊斯兰教建筑维修、保护方面的经费便可达 2000 万埃磅（相当于 5000 万元人民币），古埃及文化遗存以及其他文化遗产的保护则是

卡纳克神庙

另行拨款。另外，每年大约有 150 支国外的考古队在埃及进行发掘和文物保护研究工作，"其发掘及保护研究的经费由发掘机构自行负担"，这也为埃方带来了相当可观的一笔研究经费。

埃及的最大特点是对于城市边缘地带历史文化建筑进行分门别类、各负其责。按照三大文化类型区分，埃及国家博物馆主要侧重于古埃及法老时期的木质器、金银器、陶瓷器等的保护研究。该馆从事专职保护的工作人员共 7 名，文物保护实验室则分为陶、木室和金属及小型石器室两个部分，设备简陋，基本上属文物修复处理室。古法老木乃伊的保护则单成体系，一般是与英、法的文化研究中心合作进行。

伊斯兰艺术博物馆的侧重点是对伊斯兰时期的各类文物，包括木器、瓷器、玻璃器、现代纸张、书籍等进行保护研究，人员配备及实验室条件都近于埃及国家博物馆。

科普特博物馆则侧重于科普特文化遗物，尤其是织物及 18 世纪以后的壁画保护，配备 4 名专职工作人员，实验室 1 间。

埃及不同类型文物的保护工作基本上是各负其责。由于石质文物从规模、数量到品种都是世界上首屈一指的，且涵盖面广，时间跨度大，代表性强，因此，其石质文物保护的研究成为世界范围内的重头戏。许多国家在这里投资设点与埃方合作从事这方面的研究。如波兰在尼罗河上游的哈吉布苏德神庙进行石质建筑及壁画的维修、保护工作已长达 25 年之久。卡纳克神庙的修复也同时有德、意、日、法、英等十几支外国工作队参与。著名的吉萨金字塔和狮身人面像的保护工作则主要与意大利专家合作。可以说埃及石质文物保护工作是博取众家之长，颇具特色。

尽管埃及政府很重视文物保护，但是由于曾长期受到殖民统治，其考古业也带有浓重的殖民色彩，受综合国力及科学技术发展水平的局限，埃及文物保护科研存在着过分依赖于外援、自身研究条件及能力有限等弱点。近年来，埃及政府意识到了一味追求合作所带来的种种恶果，如：一些外国的研究机构进行研究资料垄断、保护方案保密等，因此，政府开始大力投资，注重培养埃方自己的文保专业人员。

二、英国、美国、德国和日本的做法

通过改建、扩建和新建三种类型对城市边缘地带的历史文化建筑和工业遗产进行改造和再利用。

（一）改建保护。

改建是保留原建筑中最具特色的部分，并根据新的功能要求对其余部分进行不同程度的变更，包括对设备和材料的更新以及对空间的重新组织。

1. 空间的功能替换。2000 年普利茨克奖的得主，瑞士建筑师杰克·赫尔佐格及皮埃尔·德·梅隆的获奖作品——英国伦敦泰特美术馆的设计就是一个空间功能替换的实例。泰特美术馆的前身是伦敦泰晤士河南岸的沿河区电厂，泰晤士河南岸在历史上几度繁荣，又几度衰落，将旧电厂改造成新的泰特艺术馆是由英国国家福利资助的一个新千年项目。1995 年，沿河区电厂的业主美诺克斯电力公司将所有的电厂设备搬走，这座建筑物仅剩余钢结构体系和砖砌的墙体。在改造的第一个阶段，首先浇筑了这个美术馆所需的一个巨大的混凝土基础，基础完成以后，开始改造位于以前锅炉房的钢结构的支撑体系，建筑师共设置了七

英国伦敦泰特美术馆

个楼层，并且有效地把这座老建筑改造成一座新的建筑。在这个过程中，原先锅炉房的结构被移走，从而让新的楼层直接支撑着仍然存在的砖砌立面。1998年5月，被称作"光梁"（the light beam）的用以支撑新建的两层玻璃屋顶的钢屋架开始建造。等到了1998年秋季，"光梁"上的玻璃安装完毕，并且涡轮大厅的屋顶改造完毕，整个建筑物的主体工程完成，并开始更深入一步的空间划分。

2. 内部空间的重构。内部空间的重构就是在原有主体结构不作改动的情况下，对原有建筑的空间进行划分，使得开敞的空间转化为多个小型空间。

德国GMP事务所是德国著名的建筑设计事务所，以严谨的布局、出色的节点设计著称。GMP事务所在汉堡的总部分为两处：一处在易北河上的住宅区里。另一处是位于城里的一家工厂的改建，主要容纳事务所的模型部分。原工厂平面为"十"字形，长的一肢中间为通高空间，左右两侧是两层的跑马廊。改建之后，两层的部分有所增加，长肢中间的通高空间几乎都被加上楼板变为两层。一些新的结构用来支撑新的楼板。改建的基本想法是使新增加的部分尽量和原来一致。因此，新加的柱子使用了和老建筑相似的节点，又刷上了同样色彩的漆，原有的吊车被保留下来。

3. 其他方法。对历史建筑的改建除了上述两种最常见的方法外还可以在不影响结构整体稳定性的前提下，通过在原来结构体系内部局部增加、减少或重新组织结构要素（梁、板、柱等）来满足新的功能要求。在这种情况下，要在改建前认真进行结构校核。但这种方法适用于那些不十分重要的历史建筑。对于价值更低的历史建筑，可以采用把原建筑外墙加固保存下来，在内部建造新建筑的改建方式。一般采用混凝土或钢骨架来加固老外墙。

（二）扩建保护。

扩建是指在原有建筑结构的基础上或在原有建筑关系密切的空间范围内，对原有建筑功能进行补充或扩展而新建的部分，包括垂直扩建和水平扩建等多种扩建方式。在这方面，不仅要考虑扩建部分自身的功能和使用要求，还需要处理好其与历史建筑的内外空间形态的联系和过渡，使之成为一个整体。根据扩建建筑和原有建筑的相对位置关系的不同可以分为以下几种：

1. 水平扩建。邻近或紧靠原有建筑物建造新建筑，并将新、老建筑以联零为整的方式结为一体，在这方面应注意新、老建筑之间的功能与空间联系以及建造新建筑时对现有建筑结构的影响，作出保护性设计和施工方案，不致因为建造新的建筑而对历史建筑造成毁坏。

2. 垂直加建。垂直加建是指在原建筑物的垂直方向上加层扩建，从而在占地面积不变的情况下，增加建筑面积，提高容积率，满足经济性要求。这种扩建方式有可能改变已有建筑物的轮廓线，影响建筑形式，对其建筑结构也有较高的要求，设计中应当考虑原结构的承载力以及进行结构加固等。垂直加建一般分为顶部加层和地下扩建两种情况。

3. 新建筑产生于旧建筑的内部。在某些情况下，历史建筑的内部空间非常高大宽敞，又不适宜分层改建，诸如教堂类建筑。在这种情况下，西方有的建筑师尝试在历史建筑的内部重新限定空间，甚至直接在历史建筑的内部建造新的建筑，形成了屋中有屋的空间形态。

4. 新建筑产生于旧建筑的外部。相对应于上面论述的那种情况，这种情况通常是新的建筑体量将历史建筑完全遮盖起来，起到保护历史建筑的作用。

5. 新建筑体镶嵌入历史建筑（群）中。在有的情况下，特别由于受到用地的限制，建筑物无法再向外扩建，这时，只有将必须扩建的部分"嵌"在历史建筑中间或几幢建筑之间，这是一种非常复杂的扩建方式，必须考虑到不破坏历史建筑，同时又满足新的使用需求。

美国旧金山对原来的高等法院 20 万平方英尺的面积进行了整修，以及对一幢 14 层总建筑面积为 80 万平方英尺的新办公楼进行了设计和建造，以供市政府各部门使用。整幢建筑物位于市政府的北面，也位于古典主义风格的市政府建筑群之间，设计的重点在于如何保存这些历史建筑物，既尊重它们原来的风格，又必须将原来的市政府看做这个地区的中心。SOM 建筑事务所的方案是一幢现代风格的板式高楼，但是整幢建筑物采用与其他历史建筑一样的外表面石材装饰，并充分强调塔楼自身的整体性。新建部分与原来的最高法院的七个楼层均保持流通，两者较为和谐地连接成一个整体。对于这一座历史建筑物的扩建，设计师安藤忠雄的考虑是："毫无疑问，我们对文物环境保护这个先决条件没有任何异议。这项工程的焦点在于创建原有建筑和新建部分之间纳新的相互关系。在对一座已经存在的建筑物进行修复的整个过程中，要与当地的工匠进行一系列事无巨细的讨论。我们设想将新建筑物的较大体量隐藏在地下，在避免新、旧建筑间产生任何对抗的同时，通过保存旧建筑的历史独立性来强调新、旧建筑间永恒的对话，最终实现本设计的创造性。"

美国纽约宾夕法尼亚火车站的扩建则是由于受到用地的限制，把扩建的部分"嵌"在历史建筑之间的例子。40 多年前，MMW 事务所的杰作纽约宾夕法尼亚火车站被毁，20 世纪末，它在旧地重建。它的设计者，SOM 事务所的大卫·蔡

宾州火车站

尔德（DaviChi Lde）坚决不肯将老火车站复原，而是捕捉了它的优雅和戏剧化特征。他将同样由 MMW 设计的法利邮电局的两栋新古典主义建筑用一个薄如蝉翼的盾形玻璃壳中庭连接起来，而这成为了新火车站的所在地，美国前总统克林顿于 1999 年 5 月 19 日揭开新火车站的面纱。而被克林顿称为"21 世纪第一栋伟大的建筑"。

奥地利因斯布鲁克的一幢历史建筑——艾勒特的建筑，是 1938 年纳粹德国入侵奥地利后纳粹青年运动的总部。这座建筑的历史可以追溯到 15 世纪，20 世纪早期进行维修后改作其他用途。因此，将这一具有历史意义的建筑物改建成现代化的商店、陈列馆和办公楼就不仅会遇到实际的问题，还会有意识形态的问题。不管它的历史如何，作为保护建筑，临街正面不能改变，内部也要保持原样。

在扩建这个建筑物的时候，彼得·洛伦茨在设计中沿街开凿了走廊通道，把新扩建的部分与街道连接起来，与旧建筑合二为一。新建筑被"嵌"入相邻的大楼界墙之间，替代拆除的、没有历史意义的旧建筑后，成为一个摆脱历史阴影的美丽、复杂、光亮的"富子"。从后部雅致的增建部分，可以看见远处山中的景色。在新、旧建筑之间有一个明亮的庭院，其顶部由细长的钢梁支撑。在中欧，这样的空间可能会使得建筑内部一年中大部分时间相当昏暗阴沉，但是设计者巧妙地运用大量的旋转镜子，这样即使在最阴沉的日子也能够提供充分的自然光线。新、旧建筑由上面的人行索道连接在一起，地面上还铺有木条。这不仅有实际的作用，也有象征的意义。

（三）新建保护。

新建建筑物和历史建筑的扩建有相似的地方，两者都是在历史建筑的附近进行新建筑的建设活动。但是新建和扩建也有不同之处，扩建的部分往往和历史建筑属于一个整体，由同一个部门投资，建成后由同一个部门使用和管理。新建的建筑则往往和基地环境中或附近的历史建筑没有直接的联系，只是因为新建的建筑处于一个历史环境之中，所以对新的建筑产生了更多的限制和约束。

新建是在对历史建筑的改造和再利用的实践活动中最接近建筑师一般性的设计活动的一个过程。

1. 新、旧建筑的协调。新建的建筑物与历史建筑在形式上取得一致，达到整体风格的统一和谐，虽然新建的建筑物不需要采用历史建筑的外衣，但可以通过体量、围合和开启、立面的深入划分、材料的选择、比例、尺度、细部等多个设计要点与历史建筑取得呼应。

日本四国岛的西条市周围群山环绕，泉水从山间潺潺而下。整座城市被交织的水网分割，如同中国之苏州，水成为该市的象征。安藤忠雄新的设计项目就是要在这座城市里已有 250 多年历史的光明寺之侧新建一座佛殿。安藤在构思方案时积极地呼应了这一地区特点。将光明寺的大殿布置在一个浅浅的水池中，在拥挤繁杂的街区中自然地形成一块"净土"，将建筑从周边环境中"抽象"出来，营造出浓郁的宗教氛围，同时也将建筑有机地融入了城市的肌理之中。由于是在一个传统的寺院之中设计一座新的建筑，因此存在一个新、旧建筑协调的问题。安藤没有移动原有的任何建筑，而是将它们完整地组织到新的空间秩序中去，使它们成为新的空间序列的重要组成部分，从而赋予新建筑以历史感。安藤非常仔细地考虑了他的建筑和外部环境的关系；在狭小的范围内安排了尽可能长的，可称为"精神之旅"的流线。对佛的膜拜事实上从寺庙的大门就开始了。人们沿着曲折的道路，经过古老的钟楼，穿过精巧的花园，跨过架设在浅池上的小桥，还要沿着外围绕行一段，才能够进入殿堂内部，渲染出曲折幽深的朝圣气氛。

2. 新、旧建筑的对比。在这种情况下，新建部分采用全新的建筑形象，在材料、色彩、造型上和历史建筑形成鲜明对照，以反映出环境的时代变迁，体现出一种四维空间的设计理念，这在工业遗产建筑物的保护方面是最好的方法。

德国卡尔斯鲁厄的一个庞大军工厂，建于 1918 年，由 P·J·曼茨设计。20 世纪 80 年代，政府计划拆除这座军工厂，由于众多的开发方案都毫无特色，人们就越发希望保留这座军工厂。1989 年瑞姆·库哈斯中标，预期改建为一座高层建筑。最后，政府放弃了库哈斯的方案，将军工厂改建为艺术和传媒技术中心，斯科韦格建筑设计事务所承担了这一项工程。改建的总原则是尽可能不作改动而保留这座历史建筑的原始风貌。改建所用的多数材料体现了原建筑的工业气息。楼梯和画廊均为高亮度的钢材建造，具有高度的透明感。整个改建中最醒目的一部分是一个新建的"蓝色正方体"。由于军工厂被赋予了新的使命，所以建筑师没有必要再回顾它的历史。因此，在这座历史建筑的中心位置前面设计了这么一个"蓝色正方体"。它是一个可调节的演出空间，外部是金属镶嵌的双层玻璃板，内部漆成蓝色。

其实，在实际工程中，往往是多种改建方式一起使用，来达到建筑师的设计目的，满足业主的使用要求，在实践过程中，对历史建筑的改造仍然必须统筹考虑，因为保护这些历史建筑，才是我们对它们进行保护和改造最根本的目的。

当然，国家不同，历史不同，尽管国外的相关经验可以为我们提供一定的参考价值，但是由于中国国情的特殊性，我们还是必须有自己的一种切合实际的做法。

第三节　我国城市边缘地带历史文化建筑保护和利用的经验与做法

城市边缘地带的历史文化建筑如何在现代化城市建设和保护历史文化名城、名镇、名村工作中得到有效保护和利用，在国内已取得了丰富的经验。

一、历史文化名城保护中对边缘地带历史文化建筑的保护和利用经验

城市边缘地带的历史文化遗址和历史文化建筑是历史文化名城的组成部分，是由于朝代和城域变迁以及生态环境变化而脱离了原来的城市。因此，在历史文化名城保护工作中，对城市边缘地带的历史文化建筑、文化遗址列入保护是正确的方向。以下列举了绍兴市和西安市的保护经验。

浙江省绍兴市"保护也是建设，保护也是发展"的经验。绍兴市是首批中国历史文化名城，绍兴的名城保护工作得到了国内外学者的肯定，被誉为"绍兴模式"。近年来，该市在保护历史文化名城工作上提出了"保护也是建设，保护也是发展"理念，加强对名人古居、文物古迹、河流水系、历史街区的保护修复工作，并从规划、政策、资金、人才等方面优先扶持。一是重规划。编制了《绍兴历史文化名城保护规划》，确立了点、线、面保护与古城格局、风貌保护相结合的总体框架，确定了近期和远期保护目标。划定五大片历史街区，对七片历史街区编制保护性详规。二是可操作性。保护历史文化建筑，确立"修旧如旧，风貌协调"的原则，提出了保护、修缮、恢复、保留、整饬、更新等六种保护模式，坚持"重点保护、合理保留、局部改造、普遍改善"的十六字方针，以尽可能多地保护真实的历史遗产。三是原汁原味保护。对

绍兴仓桥直街

历史街区内的各类文物保护单位实行原址、原物、原状保护，不在文物古迹上动手脚；原模原样地恢复，对历史街区内的河道水系和水乡风貌带实行原生态恢复；有根有据地重建，对历史街区内的重要台门、院落等进行维护与重建。仓桥直街历史街区的修缮保护，获得了联合国教科文组织亚太地区文化遗产保护优秀奖，评委会专家称"该项目在注重历史建筑风貌的同时，也改进了城市公共设施，成功地展示了绍兴历史文化名城的生命力，成为中国遗产的一个活生生的、充满生机的展示地。"

　　陕西省西安市的保护与发展和谐共生、良性循环的经验。西安市是中国历史文化名城，经历过13个王朝，有3100年的建城史。汉、唐长安城给西安留下了丰富的历史文化遗产。唐大明宫遗址在西安市曲江新区，占地3.5km²，遗址上有5个村庄、8家企业、2.5万户商户与居

大明宫建筑遗址

民，形成了无法保护历史建筑遗址的严峻局面。西安市投入 120 亿元拆迁安置了这片土地上的 10 万人口，使唐大明宫遗址的全部面积亮出来，建设遗址保护公园。遗址公园周边可开发的前景，吸引了中国建筑总公司，该公司承诺出资 200 亿元，代建遗产公园与周边城市基础设施。这个案例被上海世博局选入上海世博会"最佳城市实践区"，建立专题展览馆。唐大明宫丹凤门遗址主体保护展示工程是中国工程院院士张锦秋设计的，投入文物保护资金 1.3 亿元。该市通过保护和利用实践总结出三条经验：一是历史文化遗产在现代城市中应该赋予新的生命，使其成为现代城市中不可或缺的要素；二是以历史文化遗产的科学保护和合理利用为动力，拉动周边的现代化建设，从而发挥土地的潜在价值；三是通过周边土地的增值所产生的经济效益，推动其环境效益、社会效益，从而达到历史文化遗产保护与现代城市建设的和谐共生与良性循环。

二、乡土建筑（古村落）、古建筑群保护和利用经验

乡土建筑是中华民族最宝贵的文化遗产之一，也是中国建筑史的重要组成部分。有许多乡土建筑（古村落）、古建筑群由于城市扩大，成为城市边缘地带的历史文化建筑。城市边缘地带保存着许多民居、作坊、商铺、街巷、碑、亭、桥、园林等历史建筑，这些建筑反映了城镇发展的历史进程以及当时的经济、文化、技术发达程度的历史信息，保护它就是留下一种记忆。它对中心城市来说，无论是作为生活空间，还是作为一种文化空间、一种独特的文化景观，都有着保护与发展的重要价值。以下列举了黄山市、杭州市、宁波市的保护经验。

安徽省黄山市乡土建筑允许个人认领保护的经验。徽派古村落、古民居被称为人类古老文明的见证。经调查统计黄山市有 101 个古村及 1.3 万余幢古建筑，除宏村、西递等少数古村完好保护外，多数没有得到保护。2010 年，黄山市全面部署启动"百村千幢"古民居保护工程。一是出台规范性文件。市政府出台了《黄山市古民居认领保护利用暂行办法》等 7 个规范性文件。规定认保人通过一定程序，可自愿出资对"百村千幢"古民居保护、利用工程的古民居进行保护管理、开发利用。二是明确古民居的范围。规定古民居是指在黄山市范围内 1911 年以前的，具有历史、艺术、科学价值的祠堂、牌坊、书院、楼、台、亭、阁、塔、桥等民用建筑物。1911 年以后、1949 年以前具有较高历史、艺术、科学价值的建筑物参照执行。三是明确权利与责任。规定认保人享有对该古民居的监督维修权，但不得以监督为由干预所有者的正常使用。保护和利用应依据有关文物保护的法律法规进行，不得实施影响原有整体建筑风貌的改

安徽西递

安徽宏村

建、扩建。四是出台政策。规定在每年度的财政预算中安排保护和利用专项资金；设立专项补助资金，对积极参与保护和利用的所有者或使用者给予补助、贷款贴息等资金鼓励和奖励。因无力维修而自愿捐赠古民居的村民，当地政府可另行审批、安置居住地。

黄山市古民居认领保护利用暂行办法

第一条 为加强古民居的保护，规范古民居的认领保护利用工作，顺利实施"百村千幢"古民居保护利用工程，根据《中华人民共和国文物保护法》、《安徽省皖南古民居保护条例》等法律法规，结合本市实际，制定本办法。

第二条 本办法所称的古民居是指在本市范围内 1911 年以前的，具有历史、艺术、科学价值的民宅、祠堂、牌坊、书院、楼、台、亭、阁、塔、桥等民用建筑物。1949 年以前 1911 年以后具有较高历史、艺术、科学价值的民用建筑物参照执行。

第三条 本办法所指的古民居认领保护利用（以下简称认保），是指认保人通过一定程序，自愿出资对列入"百村千幢"古民居保护利用工程的古民居进行保护管理、开发利用的行为。

第四条 一切社会组织和个人均可参与认保活动。认保人应具备独立民事行为能力和民事责任能力。

第五条 古民居的认保应当遵循"保护为主，抢救第一，合理利用，加强管理"的工作原则，按照"不改变文物原状"的原则，保存、延续古民居的真实历史信息。

第六条 古民居认保由各级政府文物行政部门负责实施。

第七条 认保人享有对该古民居的监督维修权，但不得以监督为由干预所有者的正常使用。

被认保的古民居，其所在地的文物行政部门应为认保人在认保古民居醒目处设立标志牌。

第八条 认保人对认保古民居的保护和利用，应符合以下要求：

（一）属于各级文物保护单位的古民居，应依据有关文物保护的法律和法规进行，保护利用方案的实施应由具有相应资质的建筑单位承担。

（二）未核定为文物保护单位的古民居，不得实施影响原有整体建筑风貌的改建和扩建。如确需进行内部改造的，应保留原有格局，其保护利用方案应报县（区）文物行政部门批准。

第九条 文物行政部门应监督被认保古民居保护利用方案的实施，并会同规划、国土、房管等部门进行验收。

第十条 需认保的古民居，由古民居产权所有人提出，经县（区）文物行政部门初步审核后，由市文物行政部门确定，并在市政府和市文物行政部门等网站上予以公布。

第十一条　认保人根据公布的古民居名单，选择认保对象，向古民居所在的县（区）文物行政部门提出认保申请。经审查同意后，认保人与古民居所有权人签订认保协议。

认保人与古民居所有权人签订的认保协议须经县（区）文物行政部门鉴证，并报市文物行政部门备案。

第十二条　认保人认保古民居时未选择特定认保对象的，可委托县（区）文物行政管理部门进行认保，并提供相应的认保经费。

第十三条　认保经费由县（区）文物行政部门管理，本着专款专用的原则，专项用于古民居的保护利用。经费使用情况和使用对象应接受认保人的质询。

第十四条　社会组织资助在 50 万元以上和个人资助在 10 万元以上的，应给予认保人一定的社会荣誉，并设立石碑，给予表彰。

第十五条　认保人有以下情形之一的，可以按照有关法律、法规和规章等规定给予行政奖励：

（一）严格遵守文物维修的程序，在认保古民居保护利用过程中创新方式，并得到广泛推广的；

（二）对认保古民居在保护利用上具有创意，为文化产业发展拓宽新思路的；

（三）应当奖励的其他行为。

第十六条　本办法由市文物行政部门负责解释。

第十七条　本办法自发布之日起施行。

浙江省杭州市余杭区塘栖镇保护历史建筑和传统风格的经验。塘栖镇原属杭州市余杭县，后余杭县撤县设市，又撤市设区，该镇区成为杭州市的远郊区。塘栖设镇于元代，是明、清十大名镇之一，距今已有 700 多年的悠久历史。京杭古运河把东西 3km 的镇区劈成南北两岸，形成一河两街。塘栖的古建筑颇具特色，镇北街有保存较好的 15000m² 明清时期的木结构古建筑群，有清乾隆御碑、角楼、教堂、卓家宅第、广济桥等；镇南街有 8000m² 的明清时期的建筑，有廊檐和"美人靠"、马宅及手工作坊、店铺等建筑。其中，许多是市级文保点。在保护古镇和古建筑中：一是延续街区格局和风貌。修缮以"不改变文物原状"为原则，街上的油坊、米店、酒酱作坊、糕点铺、园林、书舍等老建筑原样修缮，保留原有马头墙、老石板路、美人靠、砖雕等特色建筑，河街平行、檐廊相接、民居傍河而筑，保留太史第弄、郁家弄、沈家弄等街巷格局和风貌。二是历史建筑"应保尽保、修旧如旧"。古建筑工程采用整体不落架修缮，保留原有的木构件、马头墙、老石板路；对局部破损的木构件和墙体采取修复和加固，材料采用同类型的老旧材料，施工工艺用原工艺。三是保留"活的记忆"。民居古建筑的原住民可以选择回迁居住或异地安置，原汁原味地再现自然淳朴的老塘栖生活。

　　浙江省宁波市江北区慈城古建筑群保护，政府主导的经验。慈城是千年古县城，现在是江北区的一个镇，被列为中国历史文化名镇。在 2.17km² 的区域内，保存着明清以来的古建筑约 60 万 m²，拥有 37 处全国和省市文物保护单位，还有 100 多项尚未经过评定的遗产资源。2001 年，宁波市实施对慈城老城的保护性开发。一是恢复原生态风貌。用保护、改善、改造、保留、更新和整饬等六种模式，保留其棋盘式的街巷格局，恢复孔庙、县衙、校士馆等儒家、官宦、商儒文化的原生态风貌。二是资金投入。宁波市政府先后投入 10 亿元，对总面积 10 多万平方米的酒税务、宝善堂等一大批明清古建筑群进行维修和历史街区进行整饬。古城的基础设施改造和扩建，是利用世界银行贷款城建环保项目的子项目进行的。三是修旧如旧保护。修复人员在修复古建筑时，对建筑结构细部、技术工艺都采用地方手工艺和技术处理，

塘栖

大量使用原有古建筑的材料，采
用宁波传统的建筑材料年糕砖。
该项目获得2009年联合国亚太地
区文化遗产保护荣誉奖，这是全
省唯一获此殊荣的建筑群。评委
会给予的评价是：慈城重要遗产
建筑群的保护，是宁波历史文化
名城核心以及中国其他城镇未来
恢复工作的成功先导。本项目将
古建筑作为可持续的资源加以整
修、维护，体现了对传统建筑结
构细部、技术工艺和空间布局的

慈城

尊重，使地方手工艺传统与建筑维护技术得到了复兴。

三、我国城市边缘地带历史文化建筑保护和利用的做法

整理修缮古建筑的目的，既要以科学技术的方法防止其损毁，延长其寿
命，更必须最大限度地保存其固有的历史、艺术、科学价值，否则，维修就
毫无意义。

1. 保存原来的建筑形制。古建筑的形制包括原来的平面布局、原来的造型、
原来的艺术风格等。每一个朝代的建筑布局都有其时代的特点，它不仅反映了
建筑的制度，也反映了社会的情况、民族和地区的特点、思想信仰等内容。宫
殿、坛庙、寺观等建筑，在每一个时代的布局都有所不同，它们都随着历史的
进程而发展。建筑形式、艺术风格也是如此，各个时代、各个地区、各个民族
都有自己的特点。正因为如此，它们才能作为历史和多民族文化的物证。维修
古建筑时如果改变了原状或张冠李戴，这个古建筑的价值就损失了。

2. 保存原来的建筑结构。古建筑的结构反映了科学技术的发展。随着社
会的发展，对各种建筑物的要求不断提高，不同时期各种建筑物的结构方式
都有所不同，它们是建筑科学发展进程的标志。建筑结构也是决定各种建筑
类型的内在因素，如同人的骨骼，什么样的骨骼有什么样的体型。如果在修
缮过程中改变了原来的结构，这一建筑的科学价值就会遭到破坏。还要十分
注意，一些特殊形式的结构，比如佛光寺大殿顶部的人字义手（唐代）是国
内仅存的孤例，万一损坏需要加固时，绝对不能在当中加顶一根蜀柱。佛光

朔县崇福寺

寺文殊殿的复梁（金代）、朔县崇福寺观音殿的大叉手梁架（金代）、洪洞赵城广胜寺的大人字梁（元代）、广西容县真武阁的杠杆悬柱结构（明代）等都是有特殊价值的结构，在维修工程中是一点都不能改变的。砖石结构、铜铁结构、竹篾结构也都有其时代、地区、民族等特点，在修缮工作中要特别注意。

3. 保存原来的建筑材料。古建筑中的建筑材料种类很多，有木材、竹子、砖、石、泥土、琉璃、金、银、铜、铁等。它们都是根据不同建筑的结构需要而选择使用的，什么样的建筑物用什么样的材料，什么样的材料产生什么样的结构与艺术形式，都是合乎建筑力学原理的。木材的性能产生了抬梁式和穿斗式的结构，砖石材料产生了叠涩式或拱券式的结构，钢铁材料必然要用铸锻的方法才能建造。因此，建筑材料、建筑结构与建筑艺术是不可分割的。建筑材料随着建筑的发展而不断产生、更替、组合。它反映了建筑工程技术、建筑艺术发展的进程，反映了各种建筑形式的特点。如果随意用现代化的材料来代替古建筑原来的材料，将使古建筑的价值蒙受巨大的损失。纵使能用新的材料把古建筑的形式、外观、结构等模仿得惟妙惟肖，甚至可以乱真，但是这座古建筑只剩下了躯壳，几百年、几千年的经历也就一扫而光了。所以，在修缮古建筑的时候，一定要想尽一切办法保存原有的构件和材料。原构件确实必须更换时也要用相同的材料来更换，原来是木材就用木材，原来是砖石就用砖石。最好原来是松木就用松木，原来是柏木就用柏木，是什么硬杂木就用什么硬杂木。

4. 保存原来的工艺技术。要真正达到保存古建筑的原状，除了保存其形制、结构与材料之外，还需要保存原来的传统工艺技术方可成功。修缮古建筑则是要"复古"，"复"得越彻底越好。陈毅元帅曾经说过："对文物古建筑千万不要实行社会主义改造。"这是一句至理名言，因为经过改造的古建筑就不是文物了。对古建筑维修的工艺技术，应该提出"继承传统工艺技术"的口号，而不要改革和创新。例如，油饰彩画中的地仗，原来是三麻五灰、七麻九灰的，绝对不能把它改成一层厚厚的油灰或是其他的做法。因为这种工艺程序不仅是保存原来传统的需要，而且关系到建筑物的安全与坚固问题。许多古建筑维修工程的例子说明，不按工艺程序操作施工的，很快就出了问题。

随着中国城市化进程的加快，如何对历史建筑进行改造和再利用已成为城市决策者和设计者不可回避的问题。历史建筑的保护需要决策部门、规划部门、文物保护部门、建筑设计部门、施工单位、监理部门等通力合作。在保护过程中，建筑师不能只凭自己的专业知识来进行工作，而必须时时刻刻以保护历史建筑的价值为前提，然后在允许的范围内进行设计。

第四节 城市边缘地带历史文化建筑保护和利用的措施

我国地大物博，各地情况也不相同，在城市边缘地带历史文化建筑的保护和利用上，根据全国各地近年来的经验，有以下几条措施。

一、建立未被文保单位保护的历史文化建筑的档案库

全国上下对各地较有文化价值的历史文化建筑都已经进行了保护和利用，或纳入了国家历史文化名城，或纳入了历史文化名镇，对于一般的历史文化建筑，文保单位也已经有针对性地进行了保护。从调查中发现，在城市化进程中边缘地区大量的一般文化建筑、构筑物缺乏保护，而且在数量上、质量上都没有一个统一的数据。当务之急是进一步开展确认工作，进行实地调查，把这些不在文保保护范围的历史文化建筑的数量、分布、质量记录在案，并建立档案库，有助于进一步保护和利用与开发。

二、建立网上计算机查询系统

建立边缘地带历史文化建筑的种类分布和评价体系的计算机查询系统，实行资源共享。在评价上要定性与量化相结合，能够有效控制保护的准确性。建立明确的网络查询系统，明确保护的对象。针对有评价的历史文化建筑，可以使政府对于要保护的对象有明确的监控体系，出台相关法制保障体系，真正解决历史文化建筑的保护和利用问题。

三、历史建筑需分类分级纳入城镇体系规划

《城乡规划法》及相关的法规均强调城市规划及城镇体系规划中历史文化遗产的保护问题。要求在城市规划中"保护文化遗产、城市传统风貌、地方特色与自然景观"。

组织各有关单位进行实地调查，对当地所有的历史建筑进行普查，就建筑类型、建筑年代、建筑风格、历史沿革等方面根据评定标准进行整理分类。制定保护规划方案，组织相关部门和有关专家评审后，对历史建筑按照评定建议作出历史建筑保护规划，制定强制性保护原则和措施。在各级城镇体系规划和城市总体规划中把边缘地带的保护对象分类分级别地纳入城市化发展的城镇体系规划之中，要作为专项规划来加以编制、论证和报批。主要解决前瞻性和合理性问题。在城市总体规划或是城镇体系规划中对历史文化遗产进行科学立项、合理规划，是解决矛盾的根本途径。

四、多样性保护的具体落实措施

城市边缘地带的传统文化建筑包括"全国重点文物保护单位"、"省级文物保护单位"、"市级文物保护单位"，还应包括尚未定级而确有价值的文物古迹。它们既包括地面上可见的文物，也包括埋藏在地下的文物与遗址。

对传统文化建筑的保护一般应遵守保持旧貌、原封不动的原则，由于历史建筑情况千差万别，但只要能够保护现有建筑的文化、历史价值，便可以灵活的方式来加以保护和利用。

（一）保持旧貌、原封不动地灵活处理，各地用得较多的有四种办法。

1. 就地保存。这是最主要的一种保护方法。由于我国古建筑多为木结构，历经百年风雨而无损的情况并不多见，作必要的保护性修缮、加固和恢复性修复、修缮也在所难免，但均应以不改变原貌为准则。就地保护既包括对建筑本身的保护，也应包括对古建筑周围环境的保护。至于保护范围的大小和保护控制线的划定，则应根据具体情况而定。一般情况下，可以古建筑核心区域视线所及为原有风貌，或基本与古建筑协调的风貌为宜。对环境风貌有严重影响的现代建筑物、构筑物应拆除或改建，也可用绿化等措施来加以隔离。此外，在城市规划中还应注意河道整治、废水废气及噪声的控制，把古建筑保护与环境美化结合起来。

2. 异地重建。当传统文化建筑与城市建设发生矛盾、无法解决，或者古建筑存在环境已遭破坏而无法恢复时，可以采取整体移位或异地原样、原材料复建的方法。前者成功的实例有上海外滩气象信号台、北海市旧英国领事馆等，后者成功的实例有山西省芮城永乐宫大殿、上海方塔园天妃宫和楠木厅等。但由于古建筑往往是与其环境共生的，且整体移位和异地重建技术都较复杂，费用昂贵，所以采用时应十分慎重。有的地方为了恢复传统文化地段风貌，将散

乌镇古街 乌镇古街水景

布在周围地区的零星古建筑和旧材料、旧构件收集起来，重新规划建设，使其相对集中。这种方法在一定的条件下是可取的，但要防止一哄而起，任意大拆大迁，毁损文物，或者主观臆断，画虎类犬。

3. 可以把原有的建筑物冻结保存。这种方法适用于两种情况：其一是地下有未探明的历史遗存，今后有可能进行研究发掘；其二是基本已毁或完全被毁，但在历史上十分重要，具有象征意义的遗址、遗迹。这两种情况都应严禁新建永久性建筑物，并应建立碑牌予以保护。

4. 对于一些建筑装饰物，可以原封不动地进行馆藏保存。有的传统文化建筑毁损已十分严重，不能恢复原貌，但部分构配件尚完好，且有文物价值，可以集中到博物馆、陈列馆妥为保存。

应该说以上四种都属于按原貌保存的范围。

（二）可以赋予历史建筑一定的使用功能来进行保护。

国家历史名城保护研究中心主任阮仪三教授说，真正的保护是恢复建筑的活力，按原有的用途延续下来，人们在老房子里感受着全新的生活。而很多遗留下来的历史建筑多数却没有很好地利用，常年关门任其冷落衰败，一夕风雨之后又成为人们回忆中一个渐渐淡去的身影。比如台州路桥，通过保护、修缮、更新、整治的方法维持了其步行街的功能。

（三）可以恢复历史建筑作为民间朝拜、祭祀使用场所，并加入新内容。

很多地方都有当地人民非常尊崇的寺庙，这些建筑是一些特有的、具有鲜明地方特色的历史建筑，这是一项传统民间的祭祀活动，历史悠久。祈求平安和吉祥，完全可以利用民间捐赠、企业赞助等方式筹集社会闲散资金来恢复建设庙宇建筑，创造良好的设施和环境提供给市民，传承一地的历史文化传统活

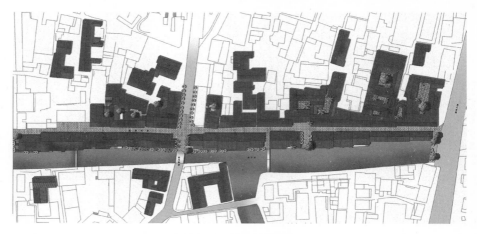

台州路桥历史街区规划平面

台州路桥

动，挖掘地方特色是提高城市知名度事半功倍的一项工程。另外，还可以结合当地历史上的民族英雄、革命烈士供奉其中，开辟成爱国主义教育展览馆。

（四）把保护与旅游发展结合起来，促进历史城镇保护的可持续发展。

历史城镇把保护规划与旅游发展规划结合起来，制订科学可行的方案，同时注意不能为单纯追求经济效益而放弃保护的责任，发展商贸不能改变历史城镇的特点，不能乱搭乱建，搞与整个城镇或街区不协调的东西。另外，旅游发展还应该有一个适度容量的概念，否则将造成旅游对历史文化遗产的破坏。

五、城市边缘地带历史文化建筑利用上的措施

城市边缘地带传统文化建筑的保护是为了更好地发挥其作用，赋予新的活力，成为城市文脉的重要组成部分。传统文化建筑的利用不但应考虑当前的需要，还应使其传之久远，为子孙后代造福。利用必须与维护相结合，以有利保护为前提条件。现在不少地区过量开发，甚至不惜杀鸡取卵，这种现象必须尽快制止。传统文化建筑的利用应严格控制，统筹安排。根据具体情况，可分别考虑采取以下四种方式：

第一，继续原用途。这是文物保护的最好方式。然而，古今完全相同的建筑用途极少。例如：古代庙宇是宗教场所，现代则可能是民俗活动场所兼游览点；古代园林大多是为皇家、达官巨富及少数文人墨客服务的，现代则是人民大众的游憩地；古代的商铺也与今天的商店不可同日而语。因此，继续原用途的矛盾必须妥善解决。

第二，改变用途。这包括改作学校、博物馆、图书馆、非物质文化遗产陈列馆、地方民俗展示厅、办公用房等。由于用途改变，必然要对原建筑作适当改造，增添现代生活设施。所以，这种方法只适用于文物价值较低的古建筑，并注意在利用时尽量不降低其文物价值。

第三，作为教育基地或游览胜地。这种方式，特别是后者，在结合各地传统文化特色发掘过程中开展旅游活动。由于有明显的经济效益，最易为各地采用，甚至将其他利用方式也与此挂钩。这种方式应特别注意：一是根据文物保护原则，严格控制游客量。二是不能为了满足旅游需要任意改造文物，新添设施应尽可能放在严格控制区以外。三是古建筑旁新添设施在尺度、色彩、造型等方面都要与原有风貌协调，不能喧宾夺主，也不得造成有害污染。四是严禁以假充真，仿古街要从严控制，确有必要建设的，也须防止鱼目混珠。

第四，用于科学研究或城市空间标志。珍贵古建筑要妥加保护，严格控制参观人数，

东阳木雕

非物质文化遗产展示（海岛渔民画）

历史文化街区

传统戏台表演

主要供科学研究。中国古代的城门、城墙、护城河、钟鼓楼、风水塔等，代表了历史某个阶段或某个重大事件，具有技术与艺术价值。对这些古建筑要很好地保护，并将它们有机地组合到城市设计中去，以丰富城市景观，供人们纪念、凭吊、观光。

六、加快历史城镇的保护法制和制度建设，提高保护等级

　　国家级的法规、省级的法规以及地方颁布的条例，都是历史文化遗产和历史文化名城保护的主要法律依据，必须有法必依、执法必严、违法必究。保护规划同普通的规划有所不同，普通规划基本是前瞻性的，最大限度地预测未来，而保护规划则是回顾性的，最大限度地保持现状和恢复从前。因此，决定了保

厚吴村

护规划方案的可确定性，不存在太多的创新余地，它的重点在于怎样最大限度地挖掘历史，结合现实，编制出可操作的方案，这一点决定了保护规划从某种意义上讲更适于用法律的手段固定下来，如果说城市规划越来越走向法制化道路，以法定图则来代替控制性详细规划，那么保护规划，尤其是历史街区的保护完全可以制定历史街区保护规划法定图则，这样就把保护落到了实处。

各地要认真进行一次历史文化遗产普查，确定保护等级。普查的重点是具有历史文化积淀的古建筑和文物古迹，要对其所在地点、价值和现状进行进一步调查与评价，对具有保护价值的重点院落和单位建筑等登记造册，由县级人民政府公布。尤其是古镇、古村落，由县（市）、镇（乡）两级人民政府担当起保护的责任。历史文化遗产保护规划，科学地设定各历史城镇的保护等级和范围，保护内容和策略，协调好城市化同文化遗产保护的关系，并形成国家级、省级和地市级保护三结合的保护等级体系，对于满足等级条件的城镇应积极申报，最大限度地提高保护等级，加大保护力度。对于已是历史城镇，但又不注意保护，并使历史遗产遭到破坏的，应该给予警告、降级甚至除名。只有这样才能从根本上杜绝申报成功之日就是削弱保护之时的不负责任的现象。同时，成立专家和行政领导委员会，对保护工作给予指导和监督，并对委员会赋予一定的权力，不致使其流于形式。还应该同世界保护制度接轨，遵循三大宪章和一大公约的保护准则，按国际惯例办事，向世界标准看齐。按世界遗产名录标准推荐，鼓励历史城镇申报世界遗产，争创"世界名牌"。

七、拓宽保护资金的渠道，按市场机制运行

在保护实践中，碰到的主要困难就是资金短缺，因为保护资金不到位，致使许多应该保护的名城、古镇和古村落不能实施真正意义上的保护。国家和省政府有一部分保护资金，但是不能从根本上解决保护资金问题，各级地方政府是保护的主体，必须加大资金的投入。各级政府对于个体文物古建的保护资金是能够保证的，但是对于大片的古街区，尤其是其中有住户的，一般是简单整治一下，不能真正地给予保护。所以，各级地方政府应该把城市保护经费同文保经费一样列入财政计划，作为城市的一项基本费用给予保证。历史文化建筑保护作为一项投资大、回报较少、较慢，甚至没有回报的情况下，完全让政府负担经费也是有困难的。因此，必须拓宽保护资金的筹措渠道，充分调动社会方方面面的力量，把保护事业作为一项公益事业来对待。教育市民增强保护意识，完全可以成立保护基金会募集捐款。同时，在不损

周庄

害保护原则的前提下，充分挖掘历史城镇或街区的历史文化内涵，开发商贸旅游，盘活古老的资产，让居住其中的居民受益，形成政府和住户双重保护的良性循环。像周庄、乌镇、西塘。还有完全按市场机制来运行，由政府牵头，按保护规划进行整治和修复，然后搬迁部分住户，拍卖置换出房产的保护利用方式。例如，以杭州的清河坊街区为代表，存在的问题是本地居民的搬迁，造成了原历史街区的文化传统和生活方式的改变。还有一种方式是以富阳龙门镇为代表，采取股份制，由政府引进资金共同搞保护和旅游开发，但是这种方式政府必须控制决策权，事先做好保护规划，并得到批准，否则是很难实施真正意义上的保护的。

第五节　城市边缘地带历史文化建筑保护和利用修缮中应注意的问题

一、城市边缘地带历史文化建筑保护和利用中修缮的原则

历史建筑修缮的原则是保存现状或恢复原状。保存现状是指原状已不可考证或暂时尚难确证，只好将现状保存下来；此外，因缺乏资金及技术力量

等原因，尚难进行修复工作，要保存现状。保存现状，可避免仓促建设造成不可挽回的损失，为今后恢复原状创造条件。当然，已经危及历史建筑安全的因素必须排除。恢复原状是指保持原来的建筑形制，原来的建筑材料，原来的建筑结构形式，原来的工艺技术。历史建筑中完好的部分绝不能动，需要修缮的部分必须做到"修旧如旧"。当然，在运输、测量、加固等方面适当采用现代机械、仪器与工具，只要不影响古建筑的原貌，不降低其价值，也是允许的。

我国多年来奉行的历史建筑修缮原则，对于文物价值高的历史建筑无疑是正确的，也是今后应一以贯之的。然而，对于各种传统文化建筑，如一视同仁，这实际上很难做到。传统文化建筑价值的分类分级不一样，理应区别对待。各方面的价值都很高，肯定是不折不扣地修旧如旧，如没有把握，只要不影响安全，宁可搁置不修。如果科学研究价值很高，或其中某部分科学研究价值很高，那么相关部分甚至整幢建筑也应修旧如旧。有的传统文化建筑，主要是建筑外观与风貌有特色，修旧如旧的重点则应是保持这些风貌特色。例如：古代有些建筑使用的木材很名贵，而这种材料现在已很难寻求，便只好用其他木材修补。有的屋面做法防水不好，容易渗漏，有的仅外观有特色，或已毁损无法复原，为了适应新的用途，也可对内部作适当改造。

对于修补的部分外观如何处理，有两种观点：一是主张做旧，与原建筑基本一致；一是不做旧，使人一目了然，避免鱼目混珠。两种观点各有理由，难求统一。一方面应尊重当地习俗，另一方面，则要避免对今后的科学研究造成误导。所以，不管哪种方法，均要将修缮过程详细记录在案。此外，如既须维修，又对其是否有科学研究价值难下定论时，则可取出若干样品妥善存放，留待进一步考证。一般来说，新材料的使用主要是补强与加固，并应尽可能隐蔽。

二、历史文化建筑保护和利用中的修缮设计与施工问题

我国在传统文化建筑修缮方面已积累了很多经验，出版了不少学术著作，有专项的技术标准、很多成功的范例，目前城市边缘地带历史建筑存在的问题主要有三个方面：

第一，有关的科学研究尚不深入。我国现有的关于古建筑技术的学术著作，大多是根据《营造法式》、清代《工部工程做法则例》等古代文献，以及对中国著名古建筑的实地考察而整理出来的，偏重于北方官式建筑。我国幅员广大，官式与民间，北方与南方，做法差异很大，中原与边疆更是不同。这些学术

修建中的李西村止水亭

著作便难以对全国的古建筑修缮工作进行全面指导。近年来出现的一些学术著作与技术资料，常常缺乏实地考察，重艺术不重技术，浮光掠影，在修缮中应用便如同隔靴搔痒。因此，各地要组织技术力量，深入地对当地古建筑的技术进行专题研究，制定出相关的技术标准与范围，这是一项十分紧迫的任务。

第二，修缮工作不规范。传统文化建筑的修缮包括调查研究、评价、测绘、设计、施工、验收、维护等若干环节。任何环节的疏忽与失误都将影响修缮的质量与效果。目前，除重点工程外，粗制滥造、画虎类犬的情况仍很普遍。因此，建立一套质量监控体系十分必要。

第三，修缮技术队伍的素质良莠不齐。无论是设计部门，还是施工部门，优秀的技术人才缺乏是一个突出的矛盾，滥竽充数的情况随处可见。解决的途径：一方面是加强人才的培养，另一方面则应建立针对古建筑修缮的设计与施工单位的资质评定制度，以及技术人员的准入制度，以确保古建筑修缮的质量。

第六节　城市边缘地带历史文化建筑保护和利用应注意的问题

城市边缘地带传统文化建筑保护利用规划的紧迫性前已述及。国家以及各地关于历史文化名城保护规划的法规也基本适用于城市边缘地带传统文化建筑与地段的保护和利用规划。目前，最易碰到的情况是历史地段的整治与更新。保存完好的历史地段已很少见，常常是旧貌依稀，老宅尚存，但已有若干改动，而新插入的建筑如同用新布在旧衣上打了补丁。街道狭隘，基础设施较差。为了恢复旧貌，改善环境，找回昔日繁华，整治与更新在所难免。但在整治更新中，应注意以下五个问题：一是道路不要任意拓宽，现代化基础设施要尽可能隐蔽。如难以两全，可将旧地段修旧如旧，划为相对独立的地段予以保留，而在其附近另辟新区，并注意两者的协调。二是与原风貌迥异的新建筑尽可能拆除，风格相似的可作局部改造。三是价值很高的古建筑应尽量保持原样。如主要是建筑造型上有特色的，可在保持其风貌的前提下作适当改造，或对室内作若干调整。四是可以将附近价值不高的古建筑拆迁到某地段相对集中，但风格要基本一致。新迁入者一般不宜大于原有古建筑，并最好基本采用旧材料、旧工艺。五是传统文化建筑地段大都有良好的自然环境，在整治更新时应将绿化与水体的整治一并加以研究。

精美的木雕

城市边缘地带
历史文化建筑的保护和利用

·第五章·

城市边缘地带历史文化建筑的评价体系

各级各类城市组成了一个完整的城镇体系，每一个城市都有一个发展的边缘地带。每一个城市在发展过程中，都会遇到各种历史文化建筑。它们的建成年代有远近之分、保护程度有好坏之分、历史价值的重要性也有区别，不同城市的不同历史文化建筑间是否有其可比性，是否可以有一个相对稳定的评价标准对其价值进行衡量。为此，提出历史文化建筑的评价体系。

第一节　确立评价体系的意义

在城市发展过程中，一方面，如前所述，在城市边缘地带保护和利用历史文化建筑的任务艰巨，形势刻不容缓，来自于城市开发性破坏和周边村民为改善住房条件破坏的威胁一直存在着。另一方面，历史文化建筑保护和利用的资金有限、人才有限、技术有限。因此，建立历史文化建筑评价体系，对保护和利用具有重大意义。

1. 用评价体系实施分级保护。对城市边缘地带的各种历史文化建筑予以甄别和筛选，然后按照其相应的类型和等级，根据分级保护原则，确定其保护和利用的方式，合理分配有限的资金和人员，以便能及时而高效地、最大限度地保护好城市发展边缘地带的历史文化建筑。

2. 用评价体系反映保护价值。严格讲，历史上所建的建筑并非都要保护，要保护的仅是其中有价值的部分。因此，根据多年工作的经验，建立一套评价体系，用以评定每栋历史建筑价值的大小、价值的表现范围和价值的表现方式等。评价较具体，保护和利用规划才能够有的放矢。

3. 用评价体系提供决策依据。认识一处历史文化建筑的价值，也为其后的保护和利用提供科学的决策依据，避免决策的随意性和盲目性。

调查研究与评价是历史文化建筑保护和利用的前提。这项工作没做好，其他工作就难以为继，甚至会走入歧途。建设部于1991年颁布的《城市规划编制办法》、1995年颁布的《城市规划编制办法实施细则》都明确指出，在调查研究时，应注意收集所在城市及地区的历史文化传统、建筑特色等资料，在规划设计中应包含文物古迹、历史地段保护和利用的内容。建设部、国家文物局于1994年颁布的《历史文化名城保护规划编制要求》以及各省、市根据上述文件精神编制的地方法规，虽然主要是针对历史文化名城（包括街区）保护规划制定的指导性文件，但对其他一般城市的传统文化建筑的调查研究与评价也是有指导意义的。不过，由于是指导性文件，即使是补充细则，仍显笼统，实施起来，多有差异。这也是为什么要确立一套关于城市边缘地带历史文化建筑评价体系的原因。

第二节　评价体系的研究内容及修正参数

根据前面对历史文化建筑定义的分析可得，它是一个历史与现实交织的概念。一方面，历史文化建筑是一定历史时期的政治、经济、文化、技术等诸多方面因素的反映；另一方面，它还存在于我们的现实生活中，现代人的生活、周边的现实环境都在影响着它。所以，在评价一处历史文化建筑时，要从它所蕴涵的历史文化价值以及它的现状作一番综合的评价。

传统文化建筑的历史文化价值主要表现在历史价值、艺术价值和科学价值三个方面。每栋建筑，在这三方面的表现并不一致，但只要一方面突出，都有保护的必要。

历史价值，指能反映某个历史时期的基本特征，能对历史研究有重要作用。作为物质显现，主要是指选材、技艺、建筑风格等方面代表了某地区某历史阶段的最高水平或主要特征。此外，由于建筑是人类活动的主要场所，所以，当其能典型地反映当时当地的历史场景与社会风貌，特别是与某个重大历史事件、重要历史人物的活动发生密切联系时，也应视为具有历史价值。

艺术价值，指艺术性的高低。它表现在建筑的空间环境构思、建筑造型、建筑装饰与陈设等各个方面。它可能表现很全面，也可能只在某方面突出。

科学价值，包括两个方面：一是建筑自身能代表当时当地的科学技术水平，是科学研究的重要实物资料；二是建筑场所与某项重要科学技术活动有密切联系。

不管哪种价值，其大小总有程度上的差别。我国将不可移动文物划分为全国重点文物保护单位、省级文物保护单位、市县级文物保护单位、镇级文物控制单位四类，将历史文化名城（镇）和历史文化保护区

划分为国家级和省级两个等级。这对于已作论证的历史文化建筑、传统文化街区、传统文化名城是适用的。然而，对于尚待考察、尚待定性者，应当有过渡性标准，以免因定类定级审批耗费时日，造成延误；而且，针对不同的价值范围，只有总体评价而无分部评价，也不利于文物的保护。所以，可将历史文化建筑按照历史价值、艺术价值和科学价值三种价值来评价，确定 A、B、C、D、E 五个等级，这五个等级分别代表价值非常高、价值很高、价值较高、价值一般、价值不大。首先分部分作出评价，综合以后再作出总体评价。能定量的尽可能定量，否则就定性评价。采取表格统计，再配以必要分析，最后提出保护和利用的建议。可以从以下几个方面的内容来评价历史文化建筑。

一、历史方面的内容

这是由研究对象——历史文化建筑的特殊性所决定的。这方面因素所要研究的是，历史文化建筑自身所蕴含的历史、艺术、科学等价值。

（一）历史价值。

1. 历史的悠久程度。该建筑物的始建年代；该建筑物在建成之后是否经过改建、扩建和重建，其改、扩建或重建的年代。

2. 历史上的知名度。即与历史上发生的某个事件的关联性。一是涉及的此历史事件的重大程度（或者说，此历史事件在历史上的知名度）以及建筑物与该历史事件的关联度。二是与某历史名人的关联性，涉及的此名人在历史上的知名度以及建筑物与该历史名人的关联度。三是与历史上的某件事物的关联性，包括与该建筑物相关的文学作品、艺术作品、科学发明等，涉及的是该事物的知名度以及建筑物与该历史事物的关联度。四是该建筑物的设计人员本身在历史上的知名度。

3. 历史价值的代表性（或称典型性）。一是时代特征：该建筑物是否代表了它所处的那个时代的一些独特的象征，包括建筑风格、装饰风格、构件做法、细部处理以及内部的一些艺术品等，是否带有那个时代的一些特征。二是地方特征：该建筑物是否包含了它所处的那个地区的一些独特的东西，包括建筑风格、装饰风格、构件做法、细部处理等，是否有区别于其他地区的不同做法。三是民族特征：该建筑物是否代表了某个民族的一些独特的东西，特别是能从中体现少数民族的风俗习惯、传统、爱好等。

4. 历史价值的稀缺性。该建筑物蕴涵的历史价值，在当前一定地域范围内的稀缺程度。即它所具备的那种代表性，在一定地域范围内是否是唯一的。

兰溪诸葛八卦村

该建筑物某种历史价值的稀缺性，代表了它在某一程度上的不可替代性，具有较高的评价信度。

（二）艺术价值。

1. 建筑物自身所具有的表现力和艺术感染力。建筑物自身在布局、室内外空间处理、造型与风格、体量、比例与尺度等方面的表现力和艺术感染力；建筑物在屋面、墙体、门窗、楼地面、彩画与油漆、建筑雕刻、家具与陈设等建筑构件处理上的表现力和艺术感染力。

2. 建筑物周边环境的艺术价值。建筑物与整个古村落或街区、园林的总体布局是否相得益彰、和谐生动；村落布局的构思和技巧是否具有吸引力；相关的园林小品、牌坊石桥等装饰物和标志物，其艺术价值如何。

3. 建筑物是否具有特殊的艺术价值。建筑物及其周边环境除了具有上述常规的艺术价值体现外，是否具有一些不常见的、较为特殊的价值，譬如和传统文化中的太极八卦（如杭州凤凰山八卦田）、星象学（如武义俞源太极星象村）、文房四宝（如永嘉苍坡古村）有关。

（三）科学价值。

历史文化建筑的科学性表现在它同时具有科学研究和科普教育的双重功效。

1. 代表当时技术上的先进性。例如，该建筑物在结构处理、所用材料、所使用的工具、采用的施工方法等方面，代表着它所处时代的先进领域。

杭州凤凰山八卦田

2. 在建筑设计上的合理性。该建筑物能否合理地利用当地的地形水势，建筑物的空间布局是否合理，在设计上是否有独到之处。

3. 在规划布局上形成了一组大型的古建筑群。某些建筑，就其单体本身来说并没有什么独到的特色，但它和周边的建筑共同组成一组大型的古建筑群，其布局完整，代表着一种特定的建筑文化和规划思想。

4. 建筑单体的规模程度及其完整性。该建筑在建成之时是否具有一定的规模；现在是否还保持了相当程度的完整性；是否带有某些建筑做法的系列性（如门楼系列、漏窗系列、木雕斗栱系列等）。

5. 在建筑史上具有重大改进或发明创造的建筑实物。如打破传统建筑布局的实物，在建筑结构或构造上有改进和创新的建筑实物，采用新材料的建筑实物，采用新的建筑装饰的建筑实物。

6. 与重大的科学发明或科学史上的重大成就有关的建筑物。某些建筑就其本身来说，在建筑技术、艺术成就等方面并没有什么杰出的地方，但它与其他历史上重大的科学发明或重大成就有密切的关系，也是值得加以保护和利用的。

二、现状方面的内容

由于历史文化建筑不仅是历史的产物，它还存在于我们的现实生活中，现代人的生活、周边现实环境都在影响着它。所以，有必要对历史文化建筑所处的现状环境进行评估，以便对其保护力度与发展方向提供决策依据。

现状方面价值

1. 建筑物的实用价值。综合评价房屋质量；是否有残破、老朽的房屋；是否有狭窄拥挤的房屋；是否有空关房屋；以上几种低质量房屋所占的比例分别是多少。

2. 建筑物的可利用性。这些老建筑是否还可继续作为民宅使用；是否可以作为公建使用；在使用过程中是否会损害它的历史、艺术、科学等价值；在改变其原先用途后，是否会损害它的这些价值。

3. 建筑物的安全卫生条件。该建筑物周边的主要道路是否符合消防要求；建筑物之间是否保留了必要的消防间距；卫生、防疫条件如何。

4. 建筑物及周边的基础设施条件。该建筑物的给水、排水、电力、电信、消防等设施是否完备；建筑物周边的道路交通条件、停车场地条件；周边的公园绿化；照明；老年、儿童活动设施等。

5. 周边环境状况。该地段的污染情况如何，包括空气污染、水体污染、噪声污染、固体污染等，污染源情况如何，与污染源的距离及其影响程度。该地区有无大型的污染型厂矿企业。该建筑物周边的聚落与自然环境的和谐程度。该地段的灾害频发程度，包括火灾、洪涝、风沙、白蚁、传染病等。

6. 对建筑物及周边环境的保护措施。保护规划的编制与实施；保护修复的措施等。

7. 建筑物所在地区的经济文化条件。在传统习俗方面，是否有当地独特的风土人情、传统节日或具有地方特色的传统风俗；是否有源于本地的并广为流传的传说、戏曲、诗词歌赋等；地方传统产业的盛衰状况。

8. 人口结构情况。当地的人口是否老龄化；外来人口所占比例；人口是否出现激增或锐减等非正常现象；当地人口的综合素质情况；当地人口所从事产业的分布。

9. 当地居民的认同度。当地居民对该历史文化建筑的认同感、自豪感；当地居民对老建筑里的生活，是否有舒适感或者有抱怨情绪；当地居民对该历史文化建筑的保护和利用工作是否持理解和支持态度；对该建筑的未来走向是否持乐观态度。

10. 当地的旅游区位条件。是否可以结合古建筑旅游来保护和利用该处历史文化建筑，在地区或者全国的知名度；与周边地区其他旅游点的组合程度；与所处城市的关系，对外交通的便捷性。

11. 保护和利用该历史文化建筑的资金来源。对该处历史文化建筑作了价值评估后，便进入保护和利用的实质阶段，能否有资金方面的可靠保证。保护资金的来源包括：国家专项保护资金、地方专项保护资金、国际文保类组织的专项保护资金、开发相关旅游项目的银行贷款资金、企业赞助资金、民间保护资金、私人捐赠等。

根据以上说明，对城市边缘地带的历史文化建筑作一价值评定，见表5-1。表中各条指标的具体界定可以依据上文。

在评价之前，可先对该处历史文化建筑作一番概况性描述。包括下述内容：

城市边缘地带历史文化建筑的保护和利用

历史文化建筑价值评价表 表 5-1

评价内容分项		评价内容	分值升降方法	简要描述	最高限分	实际得分
总得分					150	
历史情况					82	
历史价值	历史悠久程度	始建年代	元代及以前6分;明清4分;民国初至1949年2分;新中国成立之后1分		6	
		最后一次大规模重扩建	同上		6	
	历史知名度	作为历史某重大事件发生地或名人生活居住地的原建筑物保存完好情况	一级5分;二级3分;三级1分。一级:原有历史文化建筑及其建筑细部和周边环境基本上原貌保存完好;二级:原有建筑及其周边环境虽部分倒塌破坏,但"骨架"尚存,部分建筑细部保存完好,可依据保存的结构、构造和样式整体修复至原貌;三级:建筑物及周边环境已部分倒塌破坏,且倒塌破坏的部分也无法完全修复		5	
		与该建筑物相关的历史事件、历史名人、设计师的历史知名度	历史事件(名人)一级4分;二级2分;三级1分。一级:在一定历史时期内对推动全国社会、经济、历史、文化发展起重要作用的;二级:在一定历史时期内对推动区域(省域或相当的范围)社会、经济、历史、文化发展起重要作用的;三级:在一定历史时期内对推动本地(市、县范围)社会、经济、历史、文化发展起重要作用的		4	
	历史价值的代表性	时代特征	建筑风格、装饰风格、构件做法、细部处理以及内部的艺术品等,带有所处时代的特征。典型的1~2处1分;3~4处2分;5处以上4分		4	
		地方特征	建筑风格、装饰风格、构件做法、细部处理以及内部的艺术品等,有区别于其他地区的不同做法。典型的1~2处1分;3~4处2分;5处以上3分		3	
		民族特征	建筑风格、装饰风格、构件做法、细部处理以及内部的艺术品等,有区别于其他地区的不同做法。典型的1~2处1分;3~4处2分;5处以上3分		3	
	历史价值的稀缺程度	一定地域范围内的稀缺程度	全国范围内的孤本6分;全省范围内的孤本3分;县市范围内的孤本1分		6	
艺术价值	建筑物自身的艺术价值	建筑物布局,建筑物室外空间环境处理、室内空间处理;建筑物的造型与风格,体量、比例与尺度	处理时具有特殊的表现力或强烈的艺术感染力,有一项加1分;最多3分		3	
		屋面、墙体、门窗、楼地面、彩画与油漆、建筑雕刻、家具与陈设等建筑构件处理上的表现力和艺术感染力	处理时具有特殊的表现力或强烈的艺术感染力,有一项加1分;最多4分		4	
	周边环境的艺术价值	总体布局的艺术性	处理时具有特殊的表现力或强烈的艺术感染力,有一项加2分		2	
		周边的园林小品	处理时具有特殊的表现力或强烈的艺术感染力,有一项加1分		1	
		牌坊石桥	同上		1	
		附近的其他装饰物和标志物	同上,典型的1~3处1分;4处以上2分		2	

评价内容分项		评价内容	分值升降方法	简要描述	最高限分	实际得分
艺术价值	特殊的艺术价值	建筑单体具有特殊的艺术价值	具有一些不常见的、较为特殊的艺术价值，有一项加2分		2	
		周边环境具有特殊的艺术价值	同上		2	
科学价值	技术上的先进性	结构处理	结构处理代表着它所处时代的先进领域，有1分		1	
		所用材料	所用材料代表着它所处时代的先进领域，有1分		1	
		采用的施工方法及工具	所使用的工具、采用的施工方法代表着它所处时代的先进领域，有则加1分		1	
	设计上的合理性	合理地利用当地的地形、水势	有则加1分		1	
		空间布局的合理性	同上		1	
		设计的独到之处	同上		1	
	周边环境的规划布局	布局的完整性	同上		1	
		建筑文化和规划思想	有则加2分		2	
	建筑单体的规模	建筑单体的规模及完整性	完整保留的建筑面积在1500~2500m²的1分；2501~3500m²的2分；3501~5000m²的3分；5001m²以上的5分		5	
		某些建筑构件的系列性	檐角、门楼、漏窗、木雕等建筑样式的系列性。典型的、完整的每一系列1分；最多5分		5	
	与建筑史相关	在布局、建筑结构或构造、材料运用、建筑装饰等方面具有重大改进或发明创造	有一项加2分；最多6分		6	
	与科学史相关	与重大的科学发明或科学史上的重大成就有关	有则加3分		3	
现实状况					68	
现状方面价值	建筑物的实用价值	综合评价房屋质量	残破、老朽的房屋、狭窄拥挤的房屋、空关房屋所占的比例，50%~75%的1分；35%~49%的3分；34%以下的5分		5	
	建筑物的可利用性	可继续使用	可以的3分		3	
		在使用过程中是否会损害它的价值	不会损害的1分		1	
		改变其原先用途后，是否会损害它的价值	不会损害的1分		1	
	建筑物的安全卫生条件	消防要求	符合消防要求的，加2分		2	
		卫生、防疫条件	符合卫生、防疫要求的，加1分		1	
	建筑物及周边的基础设施条件	建筑物的给水、排水、电力、电信、消防等设施是否完备；周边的道路交通条件、停车场地条件等	满分4分，有一处达不到要求的扣1分		4	

续表

评价内容 分项		评价内容	分值升降方法	简要 描述	最高 限分	实际 得分
现状方面价值	周边环境状况	该地段的污染情况	无污染 2 分，有轻度污染 1 分		2	
		周边聚落与自然环境的和谐程度	环境优美的 3 分，环境较好 1 分		3	
		该地段的灾害频发程度，包括火灾、洪涝、风沙、白蚁、传染病等	基本无 3 分，有一项扣 1 分		3	
	对建筑物及周边环境的保护措施	保护规划的编制与实施	已编制保护专项规划的 3 分，规划经批准并按其实施的 6 分		6	
		保护修复的措施	建筑登记建档、采取保护措施、制定相应制度的，每一项 2 分，最多 6 分		6	
	所在地区的经济文化条件	当地独特的风土人情、传统节日、地方特色传统风俗	1–3 项 1 分，4 项及以上 2 分		2	
		是否有源于本地的并广为流传的传说、戏曲、诗词歌赋	在全国范围内流传的 2 分，在一定地域内流传的 1 分；与本处建筑直接相关的分别翻倍		4	
		地方传统产业的盛衰状况	地方传统产业独具特色且具有生命力的，1 分		1	
		当地人口的结构情况	是否出现老龄化、外来人口激增、人口激增或锐减，满分 2 分		2	
		当地人口的综合素质情况	综合素质较高，有悠久的文化传统或平均受教育程度高于周边地区，1 分		1	
		当地人口所从事产业的分布	有 1/3 以上人口从事地方传统产业的，1 分		1	
	当地居民的认同度	对该历史文化建筑的认同感、自豪感	有认同感、自豪感，对保护利用工作持理解和支持态度的，2 分		2	
		对在老房子生活的舒适感	有舒适感、没有抱怨情绪的，1 分		1	
		对该古建的未来走向的乐观	持乐观态度的，1 分		1	
	当地的旅游区位条件	结合古建旅游的可行性	在旅游线路、旅游客源方面具有可操作性的 1 分		1	
		在地区或者全国的知名度	全国知名的 3 分；省内知名的 2 分；市县内知名的 1 分		3	
		与周边地区其他旅游点的组合程度	线路组合、题材补充等方面组合程度较好的 1 分		1	
		与所处城市的关系	在旅游服务等方面具有依托性，1 分		1	
		对外交通的便捷性	便捷的 1 分		1	
	保护利用的资金来源	国家专项保护资金、国际文保类组织的专项保护资金	有一项加 2 分；最多 4 分		4	
		地方专项保护资金、开发相关旅游项目的银行贷款资金	有一项加 1 分；最多 2 分		2	
		专项的企业赞助资金、民间保护资金、相当数量的私人捐赠和其他来源资金	有一项加 1 分；最多 3 分		3	

概况：建筑名称：　　　　　建筑面积：

　　　　建筑层数：　　　　　建筑结构形式：

　　　　建筑年代：　　　　　现在的用途：

　　　　历代修缮与改建概况：

　　　　建筑完好程度：

　　　　建筑所在地点与环境特征：

最后在定性与定量分析的基础上，得出价值总分。价值评定如下：

总分在 121 ~ 150 分的，为 A 级，显示该建筑物保护价值非常高；

总分在 91 ~ 120 分的，为 B 级，显示该建筑物保护价值很高；

总分在 51 ~ 90 分的，为 C 级，显示该建筑物保护价值较高；

总分在 31 ~ 50 分的，为 D 级，显示该建筑物保护价值一般；

总分在 30 分以下的，为 E 级，显示该建筑物保护价值不大。

第三节　评价体系的参数修正

由于整个评价体系是由每个人根据自己所掌握的情况和评价体系的条文解释，进行打分评估，然后再综合每个人的评分，最后得出一个相对分数，即该处历史文化建筑的保护和利用价值，所以势必受到个人主观评价因素的影响。这其中包括：每个人所掌握的情况不同、每个人的专业素养有差别、对评价体系的内容理解有差异、对所评价建筑物的熟悉程度不同等几个方面。所以，有必要对个人初步的评估分值按评估内容的信度和效度，加以参数修正。可以从以下几方面加以考虑：

一、评估人员的权重修正

由于评估是由人来参与进行的，人的因素会极大地左右评估结果的客观性，因此应首先就评估人员的差别因素作参数修正。

1. 评估人员专业素养的差别。由于参与评估的人员专业素养不同，直接影响到对该历史文化建筑的研究深度，进而影响到其评估结果的信度，所以需要对此作参数修正。同时要对参加评估的人员构成作专业上的限定（表 5-2）。当然，具体到每一处古建评价时，并不一定会有如表中所列的人员结构。此表可酌情参考。

评估人员专业权重修正系数及人员构成比例 表 5-2

评估人员构成	评估人员分类		权重修正系数	占比
专业人员	本行业专家	来自于大专院校、科研设计部门的古建筑保护相关专业的高中级专家	1.6	20%
	本行业高级管理人员	来自于本行业的管理部门，受过较系统的专业训练	1.3	15%
	本专业学生	建筑、规划类的本专科高年级学生、研究生	0.8	10%
一般专业人员	相关行业专家	来自于大专院校、科研部门的其他专业的高中级专家	1.3	15%
	规划、文保部门的一般管理人员	来自于本行业的一线管理部门，具有一定的实践经验，但缺乏专业的系统的理论学习	0.8	10%
	当地的文保人员等	文物古建保护积极分子、对当地的历史传统熟悉	0.7	10%
非专业人员	当地普通村民	未受过专业训练，熟悉当地环境	0.3	10%
	非当地普通村民	未受过专业训练，对所评估对象了解	0.3	10%
合计			1	100%

2. 评估人员对所评估对象的熟悉程度的差别。由于参与评估的人员对所评估的该历史文化建筑的熟悉程度不同，会直接影响到对该建筑的评估信度，所以需要对此作参数修正。同时，要对参加评估的人员构成作熟悉程度上的限定（表 5-3）。

评估人员熟悉程度权重修正系数及人员构成比例 表 5-3

评估人员对该建筑的熟悉程度	权重	评估队伍中的人员构成比例
非常熟悉	1.5	50%
比较熟悉	0.6	35%
一般熟悉	0.3	15%
合计	1.0	100%

二、评估的绝对标准和相对标准

就前面所提到的评估内容，有些项目的判断是有一个绝对标准的。譬如，该建筑物始建年代、其历史价值的稀缺程度、当地人口结构情况等，都是有据可查的；而有些项目的评判标准则是相对的，会受到评估人员的个人影响，譬如：建筑物所蕴涵艺术价值的判断、对保护和利用该历史文化建筑的资金来源的预期等。这就需要在设计评价体系时,对绝对标准的项目可以适当增加权重；对相对标准项目，应注意评估标准的详细说明，以及合理控制参评人员的构成比例（表 5-2、表 5-3）。

第四节　评价时须注意的问题

在进行历史文化建筑调查研究与评价时，还必须注意以下问题：

1. 调查资料必须翔实。调查方式包括文献考证、实地踏勘、照相与测绘、专题访问等，都必须认真细致，来不得半点虚假。

2. 论证要充分，判断要准确。暂时无法确证的可以存疑，而不能枉自推断。该建筑或部件应予保留。

3. 传统文化建筑从草创到建成，以后又可能历经沧桑变化，留存至今很少保存原貌。后续的改建、扩建甚至重建，增加了文化的堆积，但也易导致判断上的错误。调查研究时更要仔细辨别。

4. 传统文化建筑的时间界限实际上是变动的。中国建筑史一般以 19 世纪中期作为古代建筑与近现代建筑的分界。然而，建筑文化不断传承演变，现在的建筑经过若干年后也是古建筑。有的城市已经提出，凡建造时间超过 50 年的建筑，如要拆除，都必须先作鉴定后才能实施。2004 年 3 月，建设部颁布了《关于加强对城市优秀近现代建筑规划保护的指导意见》，强调对于那些在城市中保留文化遗存特别丰富，能够较完整、真实地反映时代风貌的建筑都应予以保护。保护的重点是优秀建筑的立面与风貌，其中符合《文物保护法》规定的，则应纳入文物保护单位。

5. 物以稀为贵。历史愈久远（例如元代及以前），数量愈少，其价值也愈高。对于濒危的文化遗产，更应尽速抢救。

6. 表 5-1 中主要反映的是建筑实物本身的价值。至于作为一种社会生活场所所体现的价值，则应由有关的历史研究（包括文化史、科学技术史、民俗史等）来确定。

第五节　城市边缘地带历史文化建筑评价实例

在确定了一整套评价体系后，我们就能够对一些历史文化建筑或者历史文化街区进行评价，以确定它的保护价值。这为下一步确定它的保护等级、划定它的保护范围、制订保护和利用方案提供了依据。

一、杭州市萧山区朱凤标故居

在研究过程中，专门对杭州市萧山区的一处历史文化建筑——清朝朱凤标故居做了大量细致的考察和测绘工作（见本书附录：朱凤标故居测绘报告）。在此试着对这一历史文化建筑作一次价值评定。

朱凤标（1799～1873年），字桐轩，号建霞，浙江萧山朱家坛人，是宋代大理学家朱熹的第二十一世孙。他在清道光二十一年（1841年）考取榜眼，授编修，历任工、刑、户、兵、吏五部尚书，并曾授上书房总师傅、翰林院掌院学士、体仁阁大学士等衔，被人称为"萧山相国"，是在萧山的历代名人中学位及官位最高的人。朱凤标的故居位于杭州市萧山区新塘街道，这里原属萧山区新塘乡，后经过行政区划调整，已作为杭州市萧山区城区的一个组成部分——新塘街道，并已划入萧山区的城市总体规划范围，是典型的城市边缘地带。

整个朱凤标故居包括家宅（东西墙门）、家庙、祠堂以及一处古桥，是一组较为典型的清朝民居建筑群，除祠堂外均已被列入当地的文物保护单

朱凤标故居——东墙门

朱凤标故居——家庙

朱凤标故居内部

朱凤标故居内精美
的砖雕门楼

朱凤标故居内精美的门窗

朱凤标故居的木雕

位。建筑外观朴素，风火墙层层叠落，白墙青瓦麻石，具有南方水乡古民居的风韵。

下面仅就其中的东西墙门建筑（即故居的主体部分），对照上文的价值评价表作一次评定（表5-4）：

朱凤标故居东西墙门建筑价值评价表 　　　　表5-4

概况：建筑名称：朱凤标故居东西墙门
　　　建筑面积：2700m²
　　　建筑层数：两层
　　　建筑结构形式：木结构，形式为抬梁式和穿斗式
　　　建筑年代：清乾隆后期至嘉庆初年
　　　现在的用途：民居、仓库、蘑菇种植场等
　　　建筑完好程度：毁损严重
　　　建筑所在地点与环境特征：杭州市萧山区新塘街道

评价内容分项		评价内容	分值升降方法	简要描述	最高限分	实际得分
总得分					150	42
历史情况					82	20
历史价值	历史悠久程度	始建年代	元代及以前6分；明清4分；民国初至1949年2分；新中国成立之后1分	清乾隆后期至嘉庆初年	6	4
		最后一次大规模重扩建	同上	无	6	0
	历史知名度	作为历史某重大事件发生地或名人生活居住地的原建筑物保存完好情况	一级5分；二级3分；三级1分。一级：原有历史文化建筑及其建筑细部和周边环境基本上原貌保存完好；二级：原有建筑及其周边环境虽部分倒塌破坏，但"骨架"尚存，部分建筑细部保存完好，可依据保存的结构、构造和样式整体修复至原貌；三级：建筑物及周边环境已部分倒塌破坏，且倒塌破坏的部分也无法完全修复	部分破坏，可定二级	5	3
		与该建筑物相关的历史事件、历史名人、设计师的历史知名度	历史事件（名人）一级4分；二级2分；三级1分。一级：在一定历史时期内对推动全国社会、经济、历史、文化发展起重要作用的；二级：在一定历史时期内对推动区域（省域或相当的范围）社会、经济、历史、文化发展起重要作用的；三级：在一定历史时期内对推动本地（市、县范围）社会、经济、历史、文化发展起重要作用的	朱凤标的故居	4	1
	历史价值的代表性	时代特征	建筑风格、装饰风格、构件做法、细部处理、以及内部的艺术品等，带有所处时代的特征。典型的1~2处1分；3~4处2分；5处以上4分	建筑及装饰反映清朝中期风格，但不是非常典型	4	2
		地方特征	建筑风格、装饰风格、构件做法、细部处理、以及内部的艺术品等，有区别于其他地区的不同做法。典型的1~2处1分；3~4处2分；5处以上3分	大门砖雕反映萧山民居的特点	3	1

城市边缘地带历史文化建筑的保护和利用

评价内容分项	评价内容		分值升降方法	简要描述	最高限分	实际得分
历史价值	民族特征		建筑风格、装饰风格、构件做法、细部处理以及内部的艺术品等，有区别于其他地区的不同做法。典型的1~2处1分；3~4处2分；5处以上3分	无	3	0
	历史价值的稀缺程度		全国范围内的孤本6分；全省范围内的孤本3分；县市范围内的孤本1分	萧山区范围内较独特	6	1
艺术价值	建筑物自身的艺术价值		建筑物布局，建筑物室外空间环境处理、室内空间处理；建筑物的造型与风格，体量、比例与尺度	处理时具有特殊的表现力或强烈的艺术感染力，有一项加1分；最多3分	无	3	0
			屋面、墙体、门窗、楼地面、彩画与油漆、建筑雕刻、家具与陈设等建筑构件处理上的表现力和艺术感染力	处理时具有特殊的表现力或强烈的艺术感染力，有一项加1分；最多4分	砖雕、木雕有较强的表现力	4	2
	周边环境的艺术价值		总体布局的艺术性	处理时具有特殊的表现力或强烈的艺术感染力，有2分	无	2	0
			周边的园林小品	处理时具有特殊的表现力或强烈的艺术感染力，有1分		0	1	0
	周边环境的艺术价值		牌坊石桥	同上	有一处清代古桥，列入萧山区文保单位	1	1
			附近的其他装饰物和标志物	同上，典型的1~3处1分；4处以上2分	无	2	
	特殊的艺术价值		建筑单体具有特殊的艺术价值	具有一些不常见的、较为特殊的艺术价值，有2分	无	2	0
			周边环境具有特殊的艺术价值	同上	无	2	0
科学价值	技术上的先进性		结构处理	结构处理代表着它所处时代的先进领域，有1分	常规做法	1	0
			所用材料	所用材料代表着它所处时代的先进领域，有1分	常规做法	1	0
			采用的施工方法及工具	所使用的工具、采用的施工方法代表着它所处时代的先进领域，有1分	常规做法	1	0
	设计上的合理性		合理地利用当地的地形水势	有则加1分	无	1	0
			空间布局的合理性	同上	常规做法	1	0
			设计的独到之处	同上	无	1	0
	周边环境的规划布局		布局的完整性	同上	布局已遭破坏	1	0
			建筑文化和规划思想	有则加2分	反映了对财富和权势内敛不外露的思想	2	2

续表

评价内容 分项	评价内容		分值升降方法	简要 描述	最高 限分	实际 得分
科学价值	建筑单体的规模	建筑单体的规模及完整性	完整保留的建筑面积在 1500~2500m² 的 1 分；2501~3500m² 的 2 分；3501~5000m² 的 3 分；5001 m² 以上的 5 分	较完整保留 2700m² 建筑	5	2
		某些建筑构件的系列性	檐角、门楼、漏窗、木雕等建筑样式的系列性。典型的完整的每一系列 1 分；最多 5 分	石窗、砖雕系列	5	2
	与建筑史相关	在布局、建筑结构或构造、材料运用、建筑装饰等方面具有重大改进或发明创造	有一项加 2 分；最多 6 分	无	6	0
	与科学史相关	与重大的科学发现或科学史上的重大成就有关	有则加 3 分	无	3	0
现实状况					68	22
现状方面价值	建筑物的实用价值	综合评价房屋质量	残破、老朽的房屋、狭窄拥挤的房屋、空关房屋所占的比例，50%~75% 的 1 分；35%~49% 的 3 分；34% 以下的 5 分	约有 2/3 为此类建筑	5	1
	建筑物的可利用性	可继续使用	可以的 3 分	可以	3	3
		在使用过程中是否会损害它的价值	不会损害的 1 分	不会	1	1
		改变其原先用途后，是否会损害它的价值	不会损害的 1 分	会	1	0
	建筑物的安全卫生条件	消防要求	符合消防要求的，加 2 分	较差	2	0
		卫生、防疫条件	符合卫生、防疫要求的，加 1 分	符合	1	1
	建筑物及周边的基础设施条件	建筑物的给水、排水、电力、电信、消防等设施是否完备；周边的道路交通条件、停车场地条件等	满分 4 分，有一处达不到要求的扣 1 分	给水、排水、电力设施完备；消防、周边道路差	4	2
	周边环境状况	该地段的污染情况	无污染 2 分，有轻度污染 1 分	轻度污染	2	1
		周边聚落与自然环境的和谐程度	环境优美的 3 分，环境较好 1 分	环境一般	3	0
		该地段的灾害频发程度，包括火灾、洪涝、风沙、白蚁、传染病等	基本无 3 分，有一项扣 1 分	基本无	3	3
	对建筑物及周边环境的保护措施	保护规划的编制与实施	已编制保护专项规划的 3 分，规划经批准并按其实施的 6 分	无	6	0
		保护修复的措施	建筑登记建档、采取保护措施、制定相应制度的，每一项 2 分，最多 6 分	已列入萧山市文保单位，属例行保护	6	4
	所在地区的经济文化条件	当地独特的风土人情、传统节日、地方特色传统风俗	1~3 项 1 分，4 项及以上 2 分	无	2	0
		是否有源于本地的并广为流传的传说、戏曲、诗词歌赋	在全国范围内流传的 2 分，在一定地域内流传的 1 分；与本处建筑直接相关的分别翻倍	无	4	0

续表

评价内容分项		评价内容	分值升降方法	简要描述	最高限分	实际得分
现状方面价值	所在地区的经济、文化条件	地方传统产业的盛衰状况	地方传统产业独具特色且具有生命力的，1分	无	1	0
		当地人口的结构情况	是否出现老龄化、外来人口激增、人口激增或锐减，满分2分	未出现	2	2
		当地人口的综合素质情况	综合素质较高，有悠久的文化传统或平均受教育程度高于周边地区，1分	一般	1	0
		当地人口所从事产业的分布	有1/3以上人口从事地方传统产业的，1分	无	1	0
	当地居民的认同度	对该历史文化建筑的认同感、自豪感	有认同感、自豪感，对保护和利用工作持理解和支持态度的，2分	不认同不理解	2	0
		对在老房子生活的舒适感	有舒适感、没有抱怨情绪的，1分	抱怨情绪	1	0
		对该古建的未来走向的乐观	持乐观态度的，1分	无	1	0
	当地的旅游区位条件	结合古建旅游的可行性	在旅游线路、旅游客源方面具有可操作性的1分	较强的可行性	1	1
		在地区或者全国的知名度	全国知名的3分；省内知名的2分；市县内知名的1分	知名度不高	3	0
		与周边地区其他旅游点的组合程度	线路组合、题材补充等方面组合程度较好的1分	较差	1	0
		与所处城市的关系	在旅游服务等方面具有依托性，1分	联系紧密	1	1
		对外交通的便捷性	便捷的1分	很便捷	1	1
	保护和利用的资金来源	国家专项保护资金、国际文保类组织的专项保护资金	有一项加2分；最多4分	无	4	0
		地方专项保护资金、开发相关旅游项目的银行贷款资金	有一项加1分；最多2分	地方专项保护资金	2	1
		专项的企业赞助资金、民间保护资金、相当数量的私人捐赠和其他资金来源	有一项加1分；最多3分	无	3	0

经过上述价值评定体系的测评，可以初步认为：杭州市萧山区新塘街道的清朝朱凤标故居西墙门建筑，是保存价值一般偏上的一处历史文化建筑，其中的门楼、牛腿、隔扇、木雕、砖雕、石窗等构件具有一定的系列性，反映了江南民居特色，具有较高的保存价值。

评测过程中发现，当地居民对该历史文化建筑的认同感和自豪感较差，对该处古建的测绘、保护和利用工作不够理解，这对该处古建的保护和利用形势十分不利。

评测过程还显示，该处历史文化建筑具有较好的旅游区位优势，本身处于杭州市的城市发展边缘地带，与杭州市、萧山区的联系密切。该处建筑就在104国道线附近，萧山火车站也在3km范围圈内，对外交通十分便捷。另外，朱凤标其人在萧山的独特历史地位，也决定了该处古建的旅游价值。该处历史文化建筑在保护的前提下，积极开拓其旅游价值，可以包括古建、民俗、古代科举制度、官僚体制等科普方面的教育等，以融入整个大杭州的历史文化旅游线路中。这样，一是对该古建利用的一种较好方式；二是可以多方面筹集古建保护资金；另外，也可以带动整个村落的产业结构优化，提高村民的生活质量，从另一途径消除当地村民对该处古建筑的对立情绪。

评估是为了对历史文化建筑提供保护和利用的依据，因此，评估不是目的，最终将根据评估结果，对这些古建筑的保护和利用采取一系列的措施。

二、金华市曹宅镇古建筑

金华市曹宅镇始建于宋代，称为"坦溪"，明洪武年间改称"曹宅"，现在还保留有较为完整的清代民居建筑群落和古祠堂等一些古建筑。曹宅镇位于金华市金东区东北部，处于金华市远期发展的边缘地带。对该镇也进行了一系列考察、调研和评估。当地有关部门会同规划设计单位对曹宅镇的历史文化建筑作了保护规划。

曹宅古镇的街市

村口的大树和小桥

村口的池塘

古镇的小巷

张氏宗祠大门

张氏宗祠室内

古建筑局部

古建筑局部

古建筑局部

古建筑局部

在新近完成的《金华市曹宅历史文化保护区保护规划》里，对保护范围内的各种不同等级的历史文化建筑明确了不同的保护方式，这就有利于集中人力、财力、物力针对性地采取措施（表5-5）。

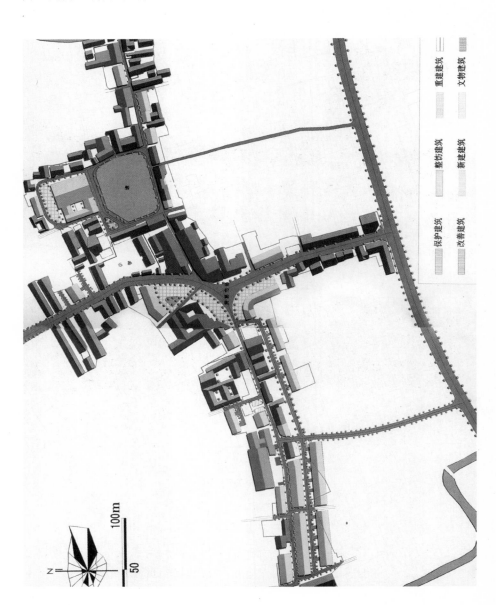

重要建筑　文物建筑　整饬建筑　新建建筑　保护建筑　改善建筑

表5-5

曹宅镇各地块各种保护方式指标汇总

序号	地块编号	保护		保留		改善		整饬		重建		拆除		文物	
		占地	建筑	占地	建筑	占地	建筑	占地	建筑	占地	建筑	占地	建筑	占地	建筑
1	A	123.54	247.08	—	—	316.72	369.27	1177.12	2228.27	—	—	1534.66	2487.94	—	—
2	B	379.66	505.22	—	—	212.44	424.88	559.5	1655.29	—	—	1968.14	2204.84	—	—
3	C	—	—	—	—	154.01	699.17	1027.03	3291.69	—	—	810.58	1129.65	—	—
4	D	241.69	483.38	—	—	—	—	—	—	—	—	796.59	1024.75	—	—
5	E	366.97	366.97	1105.27	1105.27	—	—	418.27	1355.18	1201.18	1356.95	493.12	493.12	—	—
6	F	1515.7	1515.7	—	—	—	—	523.59	523.59	—	—	1613.36	1613.36	—	—
7	G	—	—	—	—	—	—	1810.35	2678.13	—	—	—	—	—	—
8	H	—	—	387.52	387.52	—	—	1053.76	3361.62	—	—	844.34	844.34	—	—
9	I	1693.86	1693.86	—	—	—	—	536.86	1344.45	—	—	487.96	575.91	—	—
10	J	126.97	126.97	—	—	—	—	1292.01	1729.88	—	—	561.5	654.84	—	—
11	K	142.23	142.23	—	—	1056.75	1056.75	591.91	981.16	—	—	416.5	416.5	—	—
12	L	—	—	387.52	387.52	—	—	868.54	1219.22	—	—	596.83	911.38	1334	1334
13	M	1268.59	1392.9	—	—	—	—	1818.78	3155.74	—	—	—	—	—	—
14	N	—	—	—	—	—	—	959.08	1763.3	—	—	631.16	707.04	—	—
	合计	5859.21	6474.31	1492.79	1492.79	1839.92	2550.07	12636.8	25287.52	1201.8	1356.95	10754.74	13063.67	1334	1334
	所占总重点保护区规划面积百分比 总规划面积：62344.5m²	9.4%		2.4%		3.0%		20.3%		1.9%		17.3%		2.1%	

附录一：浙江省城市边缘地带历史文化建筑保护和利用的计算机辅助系统（纲要）

第一节　浙江省城市边缘地带历史文化建筑分类

第二节　浙江省城市边缘地带历史文化建筑保护现状（以评价体系为标准）

第三节　浙江省城市边缘地带历史文化建筑规划现状（已经规划的和未规划的）

第四节　浙江省城市边缘地带历史文化建筑的现状图片

计算机查询系统页面设计 1 ～ 7

主页面 1：浙江省城市边缘地带历史文化建筑保护和利用的计算机辅助查询系统

主页面 2：四城市边缘地带历史文化建筑现状图片

页面 3：图片示意 1　　浙江省国家级历史文化名城分布图

页面 4：图片示意 2　　以金华为例子：金华曹宅现状图片

页面 5：图片示意 3　　安昌现状图片

页面 6：图片示意 4　　台州路桥

页面 7：图片示意 5　　朱凤标故居图片

浙江省城市边缘地带历史文化建筑保护和利用的
计算机辅助查询系统

主页面 1：

浙江省城市边缘地带历史文化建筑保护和利用的计算机辅助查询系统			
1 城市边缘地带历史文化建筑分类	2 城市边缘地带历史文化建筑保护现状	3 城市边缘地带历史文化建筑规划现状	4 城市边缘地带历史文化建筑现状图片
5 城市边缘地带历史文化建筑保护和利用体系	6 城市边缘地带历史文化建筑保障体系	7 城市边缘地带历史文化建筑评价体系	8 城市边缘地带历史文化建筑理论体系

主页面 2：

四城市边缘地带历史文化建筑现状图片			
1 国家级历史文化名城图片　图片示意 1	2 省级历史文化名城图片	3 省级历史保护名村镇图片	4 其他
1.1 国家级历史文化名城图片中 城市边缘地带历史文化建筑现状图片 图片示意 2 以金华为例子	2.1 省级历史文化名城图片中 城市边缘地带历史文化建筑现状图片	3.1 省级历史保护名村镇图片中 城市边缘地带历史文化建筑现状图片 图片示意 3 安昌现状图片	4.1 其他中城市边缘地带历史文化建筑现状图片 图片示意 4 台州路桥图片 示意 5 朱凤标故居图片

页面 3　　　　　图片示意 1　　浙江省国家级历史文化名城分布图

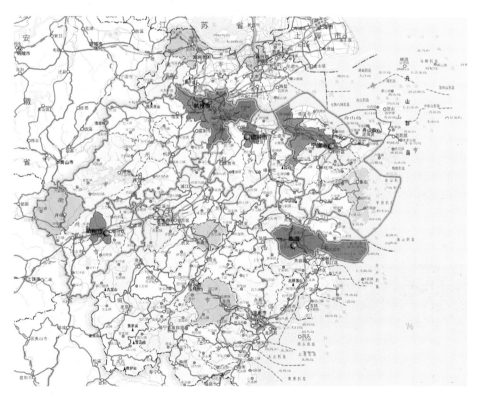

页面 4　　　　图片示意 2　以金华为例子：金华曹宅现状图片

页面 5　　　　图片示意 3　安昌现状图片

页面6　　　　图片示意4　台州路桥

路桥省级历史文化街区（重点保护区）维修方案　　　　　　　历史街区规划平面

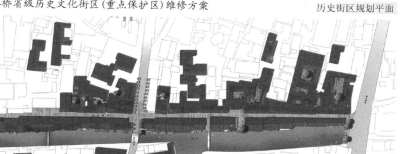

规划平面

路桥省级历史文化街区（重点保护区）维修方案　　　　　历史街区效果图（一）

现状

位置索引

设计效果

路桥省级历史文化街区（重点保护区）维修方案　　　　　重点保护区整治规划

指导原则：

本着保护为主，抢救第一的思想，对该区段的历史文化保护区进行有效保护，合理利用，科学管理，充分尊重历史文化保护区的历史真实性、风貌完整性、生活原真性。

措施：

1、确定各类历史建筑的保护与整治措施，提出具体整治方案，并进行相应的环境设计和基础设施规划工作。

2、与浓郁的商业气氛相协调，通过整治与局部更新，能起到发扬光大、促进繁荣的作用。

3、街面在保持原有青石板的基础上，适当进行环境整治，以适应繁华商业街的要求。

4、建筑物要进行重点维护与局部更新，以适应购物方便、经营安全的要求；建筑风格既延续北段老街的文脉，又体现江南水乡特色，反映路桥"十里长街"的独特风貌。

页面 7　　　　图片示意 5　朱凤标故居图片

附录二：朱凤标故居测绘报告

一

朱凤标（1799～1873年），字桐轩，号建霞，浙江萧山朱家坛人，是宋代大理学家朱熹的第二十一世孙。幼年勤奋好学，有大志。清道光二十一年（1841年），取得一甲二名进士（即榜眼），授编修。他学识过人，刚正不阿，因查办山东盐务等有功，累有升迁，历任工、刑、户、兵、吏五部尚书，并曾授上书房总师傅、翰林院掌院学士、体仁阁大学士等衔，被人称为"萧山相国"。在第二次鸦片战争期间，他多次上奏，力主抗战，是爱国的名臣。逝世后，被清廷追赠为太子太保，谥文端。《清史稿》中有他的传记。朱凤标的墓在萧山，为市级文保单位。在萧山的历代名人中，朱凤标是学位及官位最高的人。他的后代，如朱其煊、朱有基、朱文钧等人，都是竭诚奉公、爱国爱民的知名人士。当代的朱家济、朱家濂、朱家源、朱家潽四兄弟，不仅是著名的书法家、版本学家、史学家、文物鉴定家，还曾将家藏数万件文物无偿地捐献给国家，是新中国成立以来捐献文物数量最多、质量最精者，其爱国之心，甚为人敬重。

二

朱凤标原籍徽州，大约在其曾祖父时，因经商才在萧山定居下来。朱凤标故居建于何时，已不可考。根据万寿庵中朱凤标亲自撰写的《永远碑记》，大规模建设估计是在清乾隆后期至嘉庆初。万寿庵是朱家的家庙，从草创至郁然大观，当与其家宅的建设大致同步而稍后。

《永远碑记》全文如下："万寿庵创始以来，规模卑隘，香火罕稀，渐至房寮倾倚，垣壁欹颓。自乾隆四十一年，叔曾祖朱万载公延济文师来住持，凭藉无资，一仍前陋。迨四十三年，石云进庵，受法师，徒苦行，茹清食淡，忍困肩劳，寒夜一灯，暑窗半几，看经礼忏，力振宗风。乾隆五十一年间，置得率字号田四亩二分零。济师独立不能办，同里护法者捐金足成之。由是逐年修整殿庭，稍拓基址。乾隆五十九年，石云又于庵边买迤字号田二亩九分零，耕作以助薪水。而济文师旋于嘉庆三年圆寂。嗣后一力支持，愈形劳顿。十九年二月，

修造大殿两厢，又建大楼七间，供养观音大士。二十一年，买田三丘，计三亩零，又买庵后田二亩零，当观音殿基。三十五年，造山门七间，供奉韦驮佛像。三堂是备，历尽艰辛，得有此粗粗规范。后裔承受衣钵，当依披剃常住，谨守成规，无废先业。此外各支各派，不准来庵承值，第作客师可边。道光十六年三月，里人朱凤标撰写并书谨立。"据朱家坛村老人说，原来的朱家坛是个大村落，住户基本上都姓朱。中间两个大宅，居住的是朱家的直系子孙，左昭右穆建筑的格局基本相同。它们分别被称为西墙门和东墙门。两个大宅坐北朝南，之间只有一条约 1m 宽的巷道隔开。大宅前为道路，后有小河道，架小石拱桥一座。总占地面积 4279m²。

三

西墙门又称"榜眼墙门"。宽 29.6m，深 57.9m，占地面积 1714m²。平面三进院落式，一进为厅与住房，二进为厅堂，三进为正房。两侧均有住人的厢房，基本按中轴对称布置。除厅堂为高敞的单层外，其余均为二层。第一进庭院用两道围墙分隔为中间大、两边小的横向三个空间，以避免过于狭长。二进、三进的庭院两侧的厢房前都设了一道围墙，形成东西各一道狭长的天井；每隔一段距离有横墙隔开，构成若干相对独立的空间。围墙之间有门洞与漏窗，使空间隔而不断。从中轴线庭院往东西一望，由于有了这道围墙，增加了空间层次，也使环境更显静谧。

　　整个西墙门均采用木结构。除厅堂中间采用抬梁式外，其余各个房屋及厅堂的山墙部分均为穿斗式。西墙门四周的外墙，下碱多采用石柱镶石板，而上身则为青条砖砌外粉白灰。条砖立砌眠砌相间砌成斗墙，与现代的砌法不同。内部的墙与隔墙均为木板壁或隔扇。石板铺地，楼层为木地板。屋顶盖花边青瓦。

　　整个建筑外观较素朴，但由于风火墙层层叠落，白墙青瓦麻石，也具有南方水乡古民居的风韵。围墙上的门均有石头门框，大门朝外平淡无奇，但朝内做成砖雕门楼，甚精细，具有较高的艺术价值。挑檐多用牛腿承托，木雕精美，是浙江古民居中常见的做法。隔扇、漏窗等，也时有可观。

　　东墙门又称"二墙门"，宽 32.4m，深 54.75m，占地 1773.9m²。总体布局和建筑规格与西墙门基本一致。

<h2 style="text-align:center">四</h2>

　　由于年久失修，加上户主与用途的改变，西墙门与东墙门的损坏都非常严重。西墙门已有 5 间西厢房和 5 间东厢房以及 2 间头进屋被拆毁。三进的 2 间正房，东厢房的一处廊檐被改建得面目全非。厅堂除柱架未大动外，墙与屋面均非旧物。建筑构件被拆卸变卖或更换的不计其数。目前，实际仅有古建筑面积 1300m²。院内杂草丛生，一派衰败景象，所幸门楼尚存，部分牛腿、隔扇还在。有的房屋柱架基本完整，恢复旧貌尚有可能。东墙门破损较西墙门更为严重，有 2 间正房、5 间东厢房和 2 间头进屋被拆毁后，新建了两幢现代三层楼房，1 间西厢房的廊檐被改建，而第二进的厅堂则完全被拆毁，现存古建筑面积只有 1400m²。

五

根据《永远碑记》，万寿庵在其鼎盛时有山门、大殿、两厢、观音殿，规模初具。但现存清代建筑只有前后两殿，面宽 18.5m，深 19.8m，占地面积 491m²，建筑面积 366.3m²。两殿均坐东面西。前为河道，后为道路，两殿之间为庭院。南侧紧贴二殿有一偏殿，是近年添造的，与原建筑风格迥异。长期以来，前殿被用作轧米加工场，故后殿后门被当作正门使用，左右又新开了两道边门。前殿与后殿均为抬梁式结构，但后殿的柱为石材。山墙部分采用穿斗式结构，屋面盖花边青瓦。墙体与门窗均已改造得面目全非，屋面经过翻修，不复旧貌。后殿五架大梁已断裂，因而临时砌了两根砖柱支撑加固。神龛经过挪位，草草砌成。塑像排列无序，制作粗劣，艺术水平很低。所幸柱架形制基本完整，廊檐处的牛腿、月梁等制作相当精美，依稀能看出昔日的风貌。后殿南墙嵌有朱凤标撰写并书的《永远碑记》，弥足珍贵。西面槛墙嵌有乾隆六十年（1795年）刻的一块石碑，上面有文昌帝君阴骘文和天圣帝君觉世经各一篇，线刻人物画一幅，线条流畅，有保留价值。

六

朱凤标故居，除西墙门、东墙门、万寿庵外，尚有宅后小石桥，以及万寿庵两边的万寿桥，均为清代遗物。两座桥都是石拱桥，保存较完好。1999年8月朱凤标故居被定为"萧山市级文物保护单位"。2000年4月，萧山市文管会办公室对朱凤标故居进行了调查，并提出了维修方案的初步设想。本次古建筑测绘就是为进一步制订古建筑修缮方案而进行的基础工作。测绘从2004年7月2日开始，2004年7月9日基本完成。参加测绘的人员主要为浙江建设职业技术学院建筑装饰技术专业（古建筑保护与修缮方向）02级的学生。参加技术指导的有萧山博物馆的朱倩、崔太金和浙江建设职业技术学院的教师桑轶菲、龚一红、唐春益、徐友岳等人。

本次测绘按法式测绘要求进行。测绘范围包括朱凤标故居总平面图、西墙门、东墙门、万寿庵及两座清代石桥。测绘图主要反映原状，新建和改建的现代建筑一般不绘在图上。原有墙体及隔扇已损坏，又无其他参照物的，暂时按已改建后的情况画，已拆除的部分，如有确切证据者，用虚线绘出。

（后附朱凤标故居古建测量图）

2004年7月9日

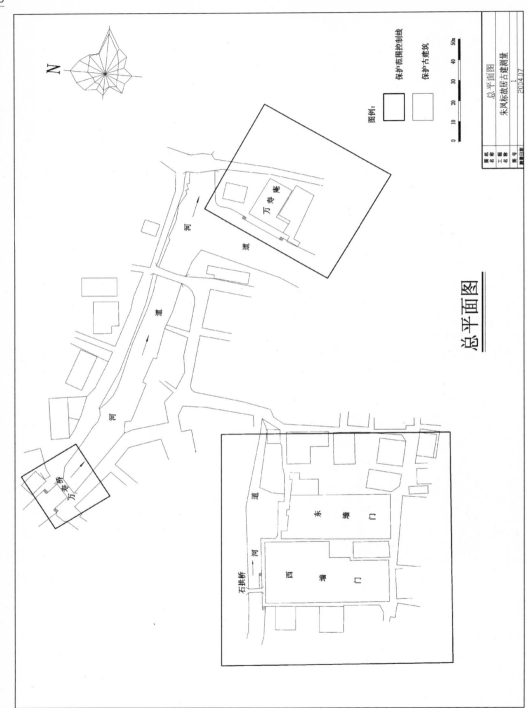

N

万寿庵

河　道

道

河

万寿桥

石拱桥　河　道

东　塘　口

西　塘　口

图例:

保护范围控制线

保护古建筑

0　10　20　30　40　50m

总平面图

图纸名称	总平面图
工程名称	朱凤标故居古建测量
图号	1
测绘日期	2004.07

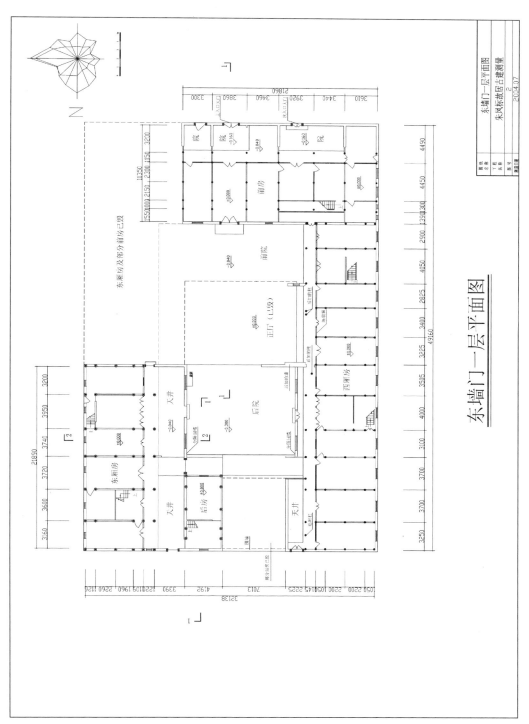

东墙门一层平面图

图名称	东墙门一层平面图
工程名称	朱凤标故居古建测量
图号	2
绘制日期	2004.07

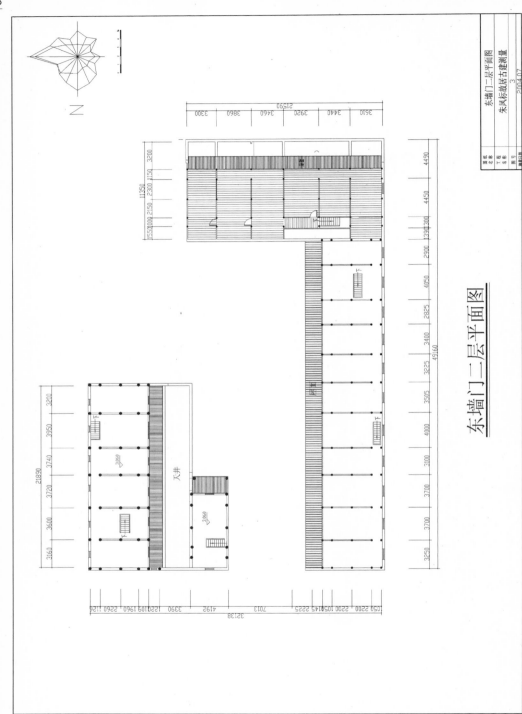

东墙门二层平面图

东墙门二层平面图
东风标故居古建测量
3
2004.07

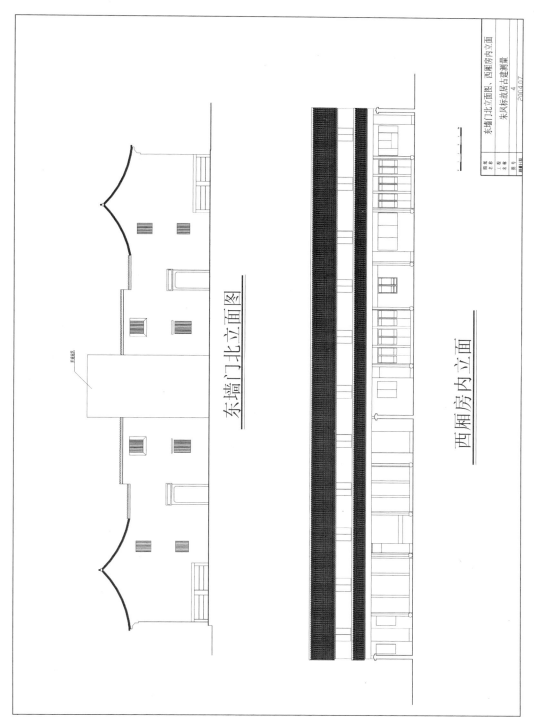

东墙门北立面图

西厢房内立面

东墙门北立面图、西厢房内立面

朱凤标故居古建测量

4

2004.07

城市边缘地带历史文化建筑的保护和利用

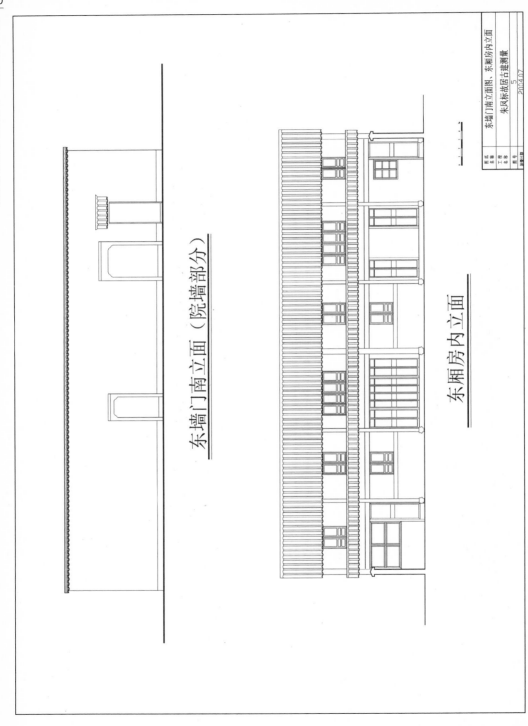

东墙门南立面（院墙部分）

东厢房内立面

东墙门南立面图、东厢房内立面

东风标族居古建测量

2004.07

5

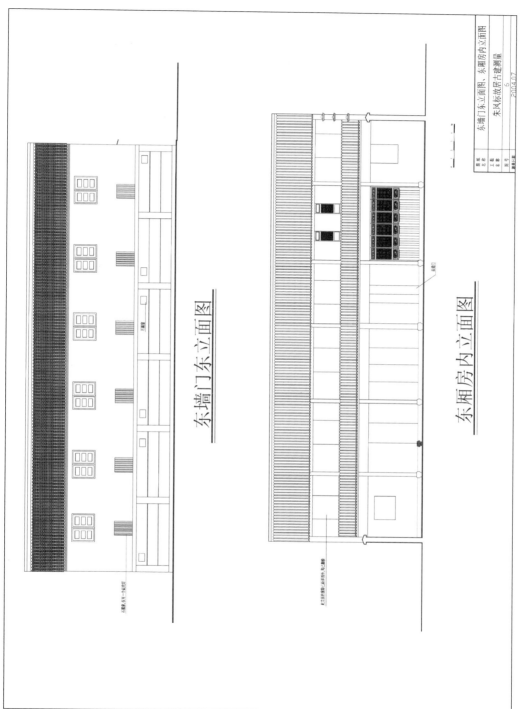

东墙门东立面图

东厢房内立面图

东墙门东立面图、东厢房内立面图

朱凤标故居古建测量

6

2004.07

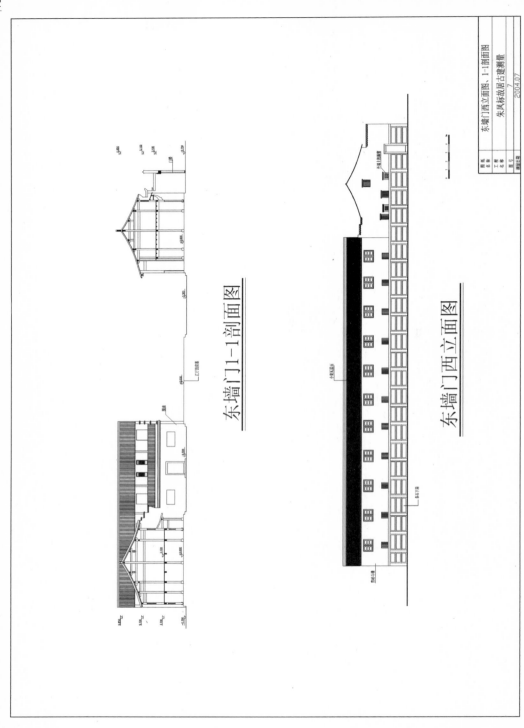

东墙门1-1剖面图

东墙门西立面图

图纸名称	东墙门西立面图、1-1剖面图
工程名称	朱风标故居古建测量
图号	7
测绘日期	2004.07

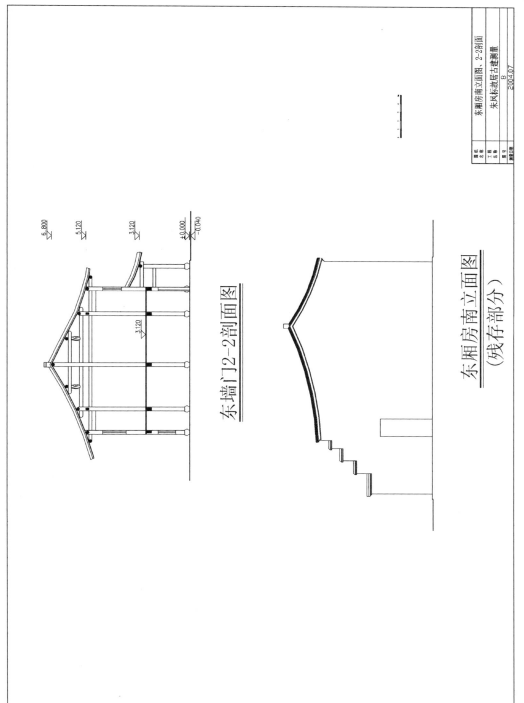

东墙门J2-2剖面图

东厢房南立面图
（残存部分）

6.800

5.120

3.120

3.120

±0.000
−0.040

图纸名称	东厢房南立面图、2-2剖面
工程名称	朱凤标故居古建测量
图号	8
图号	9
测绘日期	2004.07

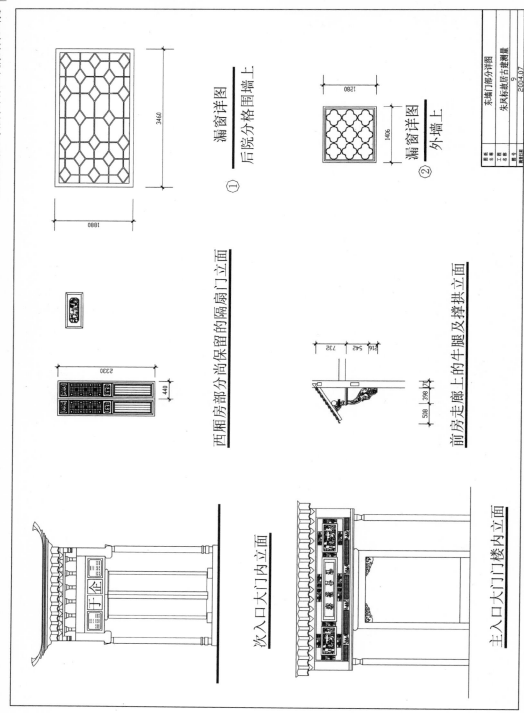

① 漏窗详图
后院分格围墙上

② 漏窗详图
外墙上

西厢房部分尚保留的隔扇门立面

前房走廊上的牛腿及撑拱立面

次入口大门内立面

主入口大门门楼内立面

图纸名称：东端门部分详图
工程名称：朱风标故居古建测量
图号：9
绘制日期：2004.07

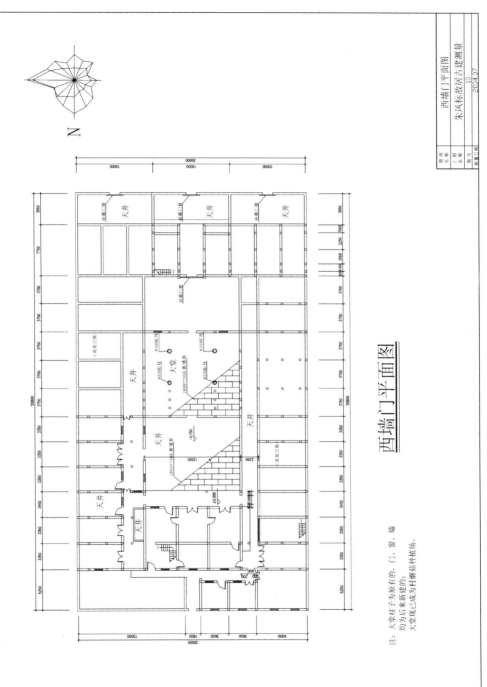

西墙门平面图

注：大堂柱子为原有的，门、窗、墙
均为后来新建的；
大堂现已成为村磨菇种植场。

图 纸 名 称	西墙门平面图
工 程 名 称	朱凤标故居古建测量
图 号	10
绘 图 日 期	2004.07

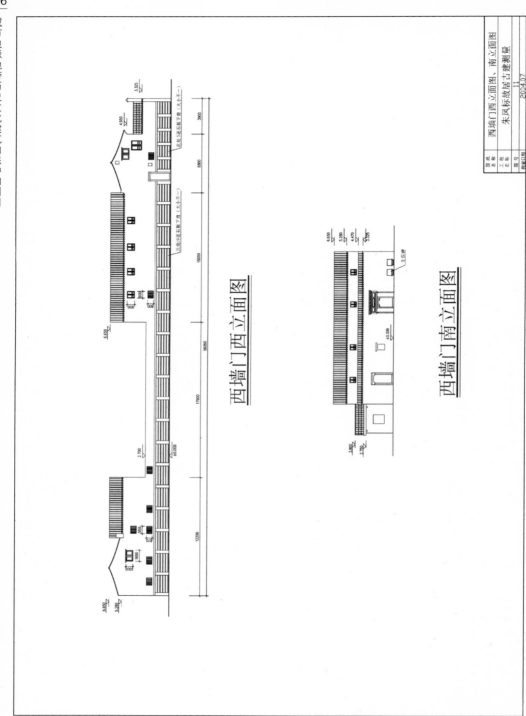

西墙门西立面图

西墙门南立面图

图纸名称　西墙门西立面图、南立面图
工程名称　朱氏标故居古建测量
图号　11
制图日期　2004.07

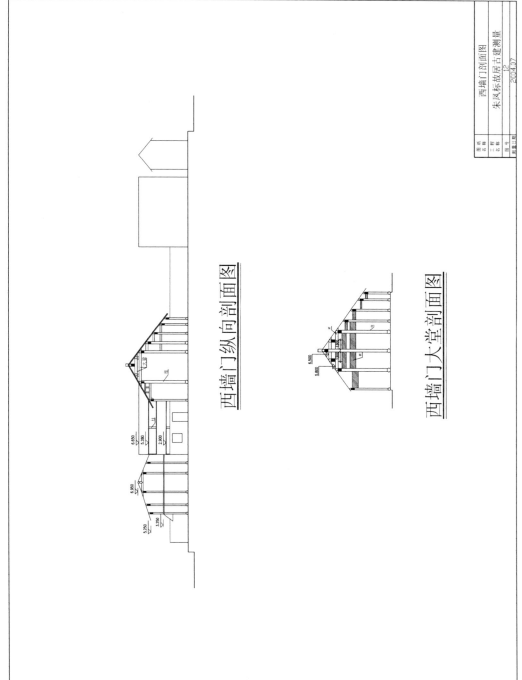

西墙门纵向剖面图

西墙门大堂剖面图

西墙门剖面图

朱凤标故居古建测量

12

2004.07

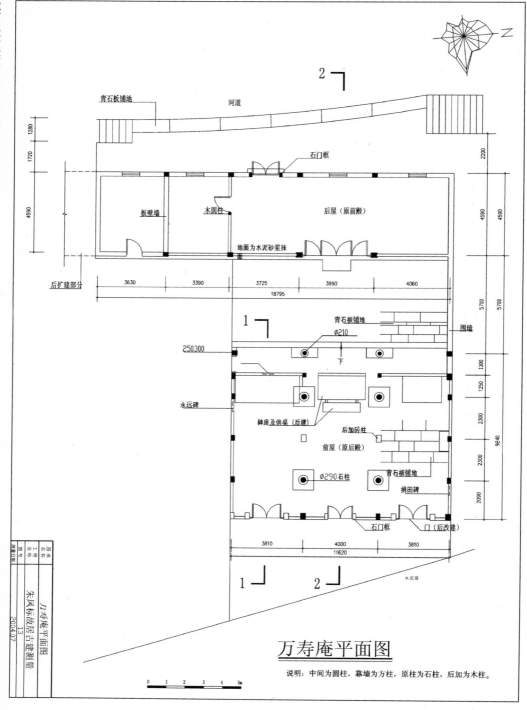

N

2

青石板铺地　　　　河道

石门框

后扩建部分

1080
1120
4590
4590
5700
5700
2200

板壁墙　　木圆柱　　　　　　　后屋（原前殿）

地面为水泥砂浆抹面

3630　　3390　　3725　　3990　　4060
18795

1

青石板铺地
ø210
下

250300

围墙

永远碑

神座及供桌（后建）

后加砖柱

前屋（原后殿）

ø290石柱

青石板铺地

捐田碑

石门框　　门（后改建）

3810　　4000　　3810
11620

1300
1250
2300
2300
2090
9240

1　　　2

水泥路

0　1　2　3　4　5m

万寿庵平面图

说明：中间为圆柱，靠墙为方柱，原柱为石柱，后加为木柱。

图纸名称　万寿庵平面图
工程名称　朱凤标故居古建测量
图号　13
测量日期　2024.07

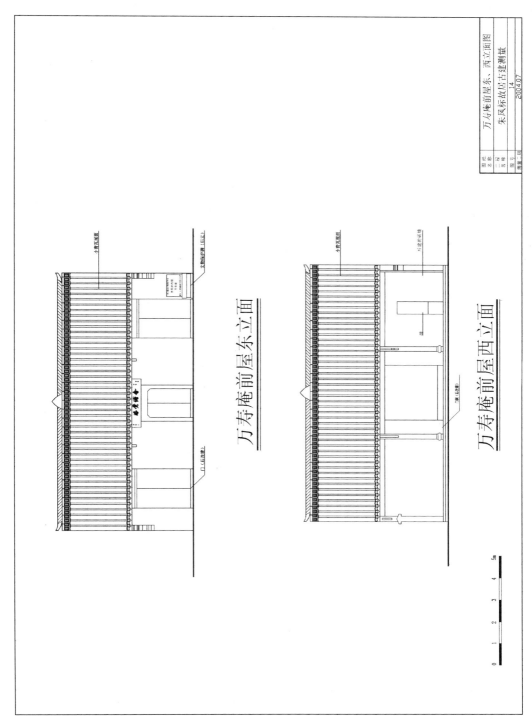

万寿庵前屋东立面

万寿庵前屋西立面

图名称 万寿庵前屋东、西立面图

二名称 朱凤标故居古建测量

图号 14

2004.07

0 1 2 3 4 5m

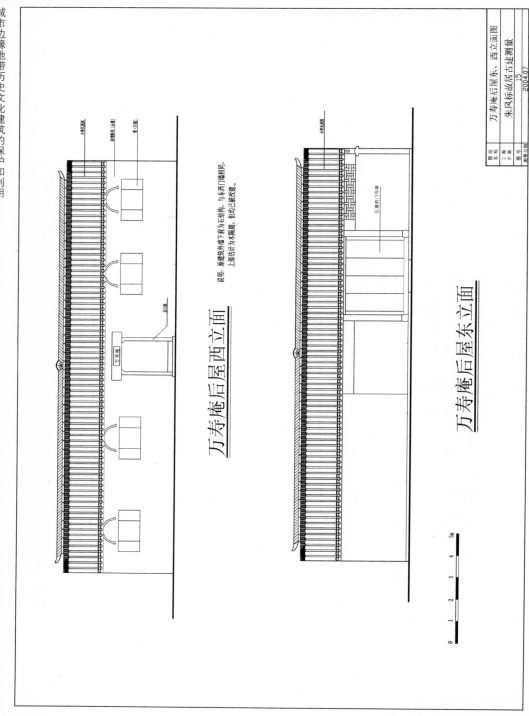

万寿庵后屋西立面

说明：原建筑外墙下肩为石结构，与东西墙相同，上部估计为木隔扇，但均已被改建。

万寿庵后屋东立面

图纸名称	万寿庵后屋东、西立面图
工程名称	朱风标故居古建测量
图号	15
测绘日期	2004.07

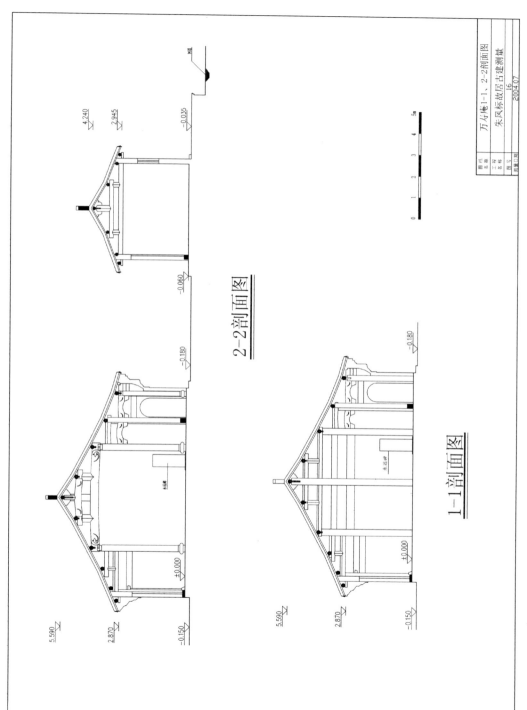

1-1剖面图

2-2剖面图

万乘庵1-1、2-2剖面图

朱凤标故居古建测量

16

2004.07

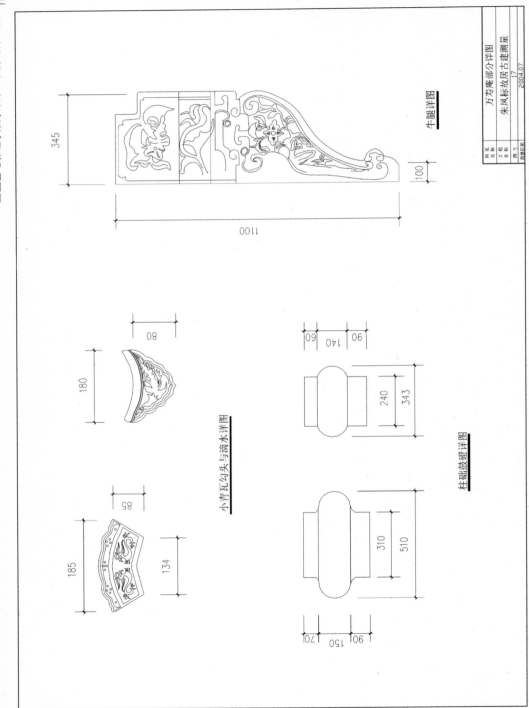

牛腿详图

小青瓦勾头与滴水详图

柱础鼓磴详图

万寿庵部分详图

朱凤标故居古建测量

17
2004.07

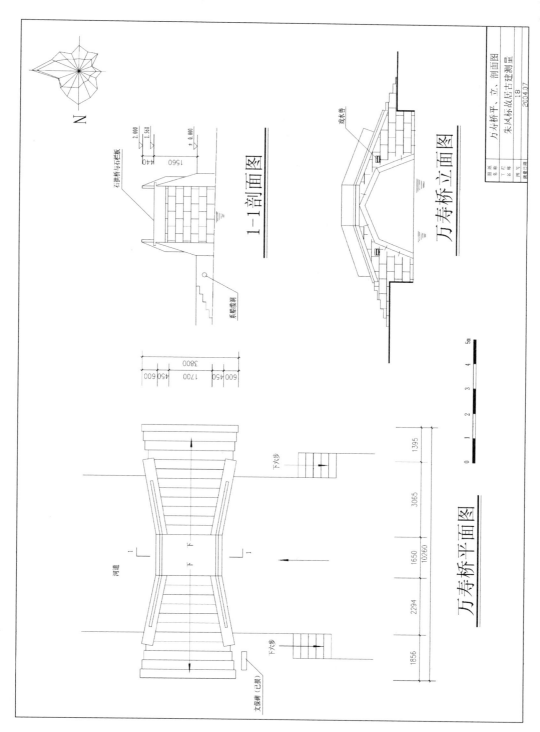

万寿桥平、立、剖面图

朱凤标故居古建测量

18

2004.07

1-1剖面图

石拱桥与石栏板

系船缆眼

2.000

1.560

±0.000

440

1560

万寿桥立面图

戏水兽

万寿桥平面图

河道

1

F

F

1

下六步

下六步

文保碑（已毁）

600 450

450 600

1700

3800

1395

3065

1650

2294

1856

10260

0 1 2 3 4 5m

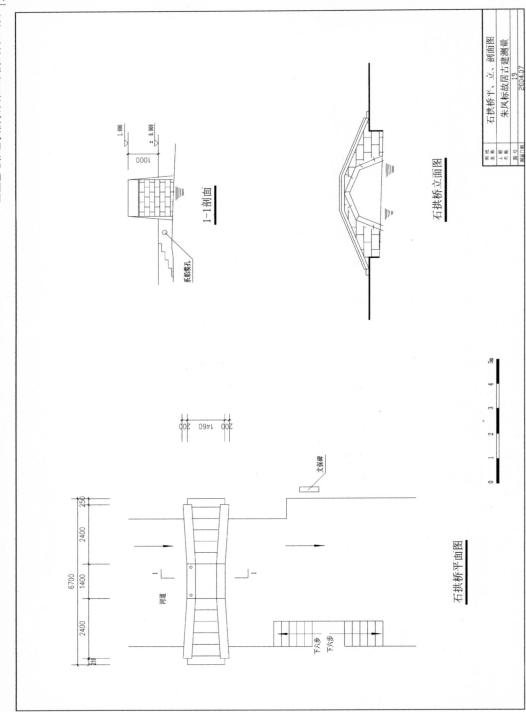

1-1剖面

系船缆孔

石拱桥立面图

石拱桥平面图

河道

下六步

下六步

文保牌

石拱桥平、立、剖面图

朱凤标故居古建测量

19

2004.07

主要参考文献

[1] 杨新平. 历史文化遗产的探求与保护 [J]. 文物工作，1997（4）.

[2] 阮仪三等. 历史文化名城保护理论与规划 [M]. 上海：同济大学出版社，1999.

[3] 阮仪三. 历史环境保护的理论与实践 [M]. 上海：上海科学技术出版社，2000.

[4] 阳建强，吴明伟. 现代城市更新 [M]. 南京：东南大学出版社，1999.

[5] 董鉴泓. 城市规划历史理论研究 [M]. 上海：同济大学出版社，1999.

[6] 董鉴泓，阮仪三. 名城文化鉴赏与保护 [M]. 上海：同济大学出版社，1993.

[7] 王瑞珠. 国外历史环境的保护与规划 [M]. 台北：淑馨出版社，1993.

[8] 路秉杰译. 历史文化城镇保护 [M]. 北京：中国建筑工业出版社，1991.

[9] 朱晓明. 石村落的世界 [M]. 北京：中国建材工业出版社，2002.

[10] 陈志华. 楠溪江中游古村落 [M]. 北京：三联书店，1999.

[11]（英）霍华德. 明日的田园城市 [M]. 北京：商务印书馆，2006.

[12]（美）刘易斯•芒福德. 城市发展史——起源、演变和前景 [M]. 北京：中国建筑工业出版社，2005.

[13] 何依. 中国当代小城镇规划精品集——历史文化城镇篇 [M]. 北京：中国建筑工业出版社，2003.

[14] 李其荣. 城市规划与历史文化保护 [M]. 南京：东南大学出版社，2003.

[15] 单霁翔. 城市化发展与文化遗产保护 [M]. 天津：天津大学出版社，2006.

[16] 古镇映像馆——江南 [M]. 西安：陕西师范大学出版社，2004.

[17] 陆志刚. 江南水乡历史城镇保护与发展 [M]. 南京：东南大学出版社，2001.

[18] 阳建强，冷嘉伟，王承慧. 文化遗产推陈出新——江南水乡古镇同里保护与发展的探索研究 [J]. 城市规划，2001（5）.

[19] 吴承照，肖建莉．古村落可持续发展的文化生态策略 [J]．城市规划学刊，2003（4）．

[20] 杨怡．非物质文化遗产概念的缘起、现状及相关问题 [J]．文物世界，2003（2）．

[21] 彭震伟．农村建设可持续发展研究框架和案例 [J]．城市规划学刊，2004（4）．

[22] 潘晓棠．历史文化村镇的保护与发展——访古建筑保护专家罗哲文先生 [J]．小城镇建设，2004（7）．

[23] 蒋志杰，吴国清，白光润．旅游地意象空间分析——以江南水乡古镇为例 [J]．旅游学刊，2004（19）．

[24] 赵勇，李捷，章锦河．我国历史文化村镇保护的内容与方法研究 [J]．人文地理，2005（1）．

[25] 李和平．论历史环境中非物质形态遗产的保护 [J]．城市规划学刊，2006（2）．

[26] 张琴．江南水乡城镇保护实践的反思 [J]．城市规划学刊，2006（2）．

[27] 石忆邵．国内外村镇体系研究述要 [J]．国际城市规划，2007（4）．